Stable Diffusion AI绘画从提示词到模型出图

楚 天 编著

清華大學出版社
北 京

内容简介

本书介绍了 Stable Diffusion AI 绘画工具及其使用技巧。书中内容分为两部分："基础操作篇"，讲解了 SD 文生图、图生图、提示词、模型、ControlNet 插件等核心技术的应用，帮助读者快速从新手成长为 SD 制图高手；"案例实战篇"，精选了动漫人物、水墨画、AI 摄影、商业海报、电商模特、产品包装、电影角色等大量 AI 绘画案例，并带有详细的同步教学视频，读者可以边学边做，提高学习效率。

本书可作为高等院校平面设计、艺术设计等专业的教材，也适合设计师、游戏师、摄影师，以及美术、绘画、设计等行业的从业人员阅读。

图书在版编目 (CIP) 数据

Stable Diffusion AI 绘画从提示词到模型出图 / 楚天编著. —北京：清华大学出版社，2024.3

ISBN 978-7-302-65633-3

Ⅰ. ① S… Ⅱ. ①楚… Ⅲ. ①图像处理软件 Ⅳ. ① TP391.413

中国国家版本馆 CIP 数据核字 (2024) 第 048607 号

责任编辑：李　磊
封面设计：杨　曦
版式设计：孔祥峰
责任校对：成凤进
责任印制：宋　林

出版发行：清华大学出版社
网　　址：https://www.tup.com.cn，https://www.wqxuetang.com
地　　址：北京清华大学学研大厦A座　　**邮　　编：**100084
社 总 机：010-83470000　　**邮　　购：**010-62786544
投稿与读者服务：010-62776969，c-service@tup.tsinghua.edu.cn
质 量 反 馈：010-62772015，zhiliang@tup.tsinghua.edu.cn
印 装 者：三河市铭诚印务有限公司
经　　销：全国新华书店
开　　本：185mm×260mm　　**印　　张：**13.25　　**字　　数：**363千字
版　　次：2024年5月第1版　　**印　　次：**2024年5月第1次印刷
定　　价：99.00元

产品编号：104200-01

前言

在这个数字化时代的浪潮中，人工智能技术以其惊人的创造力和创新性席卷全球。党的二十大报告把"实施科教兴国战略，强化现代化建设人才支撑"作为战略举措进行系统阐述，彰显我国不断发展新动能、新优势的决心和气魄。

Stable Diffusion 是一款功能强大的 AI 绘画工具，它能够将抽象的创意转化为精美的画面。本书将揭示使用 Stable Diffusion 进行 AI 绘画的奥秘，不仅详细介绍了如何使用 Stable Diffusion 进行 AI 绘画，还分享了一些高级技巧和经验，帮助读者更好地掌握这款工具的使用方法。同时，本书还提供了大量的实战案例分析，帮助读者更加直观地理解 AI 绘画的技术原理和应用场景。

本书特色

本书为读者提供了全方位的学习体验，帮助读者掌握引导 AI、操控 AI 的技能，更好地理解和运用 Stable Diffusion 进行 AI 绘画，从而创作出更加精美、更具创意的作品。本书具有如下特色。

(1) 80 多个实用技巧：本书通过全面讲解 Stable Diffusion AI 绘画的相关技巧，包括文生图、图生图、提示词、模型、插件等内容，帮助读者从入门到精通，让学习更高效。

(2) 420 多张图片：本书使用了 420 多张图片对 Stable Diffusion 的功能原理、实例操作、出图效果等进行展示，让内容变得更加通俗易懂，使读者一目了然、快速领会，并能够举一反三，制作出更多精彩的 AI 画作。

(3) 80 多组 AI 绘画提示词：为便于读者快速生成 AI 画作，特将本书实例中用到的提示词进行整理，读者可以直接使用这些提示词，快速生成图片效果。另外，在部分实战案例章节中，还增加了同类型案例效果欣赏的内容，帮助读者拓展思维，绘制出更多精彩的作品。

(4) 100 多分钟视频演示：书中的操作技能实例全部录制了讲解视频，以展示操作步骤，读者可使用手机扫码观看视频演示，让学习更加轻松。

(5) 150 多个素材和效果文件：随书附赠的资源中包含了近 30 个素材文件，以及 120 多个效果文件供读者使用，涉及二次元、风景插画、建筑设计、室内装修、平面广告、动漫人物、水墨画、AI 摄影、商业海报、电商模特、产品包装、电影角色等多个领域，帮助读者快速提升 AI 绘画的操作水平。

为方便读者学习，本书提供提示词、素材文件、案例效果、教学视频、PPT 教学课件和教案等资源，读者可扫描下方的配套资源二维码获取。此外，本书赠送大量的 AI 绘画提示词和 SD 视频生成教程，读者可扫描下方的赠送资源二维码获取。

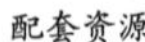

配套资源　　赠送资源

特别提示

(1) 版本的更新：本书在编写时，是基于当时 Stable Diffusion 的界面截取的实际操作图片，但因书从编辑到出版需要一段时间，这些界面和功能可能会有变动，请在阅读时，根据书中的思路，举一反三，进行学习。注意，本书使用的 Stable Diffusion 版本为 1.6.0。

(2) 提示词使用：提示词也称为关键词，Stable Diffusion 支持中文和英文提示词，但建议读者尽量使用英文提示词，因为这会使出图效果更加精准。再提醒一点，即使采用完全相同的提示词和模型，在不同的生成参数设置下，Stable Diffusion 每次生成的图像内容也会存在差别。

(3) 在使用 Stable Diffusion 进行创作时，需注意版权问题，应当尊重他人的知识产权。读者还需要注意安全问题，应当遵循相关法律法规和安全规范，确保作品的安全性和合法性。

本书由楚天编著，参与编写的人员还有苏高、胡杨等人，在此表示感谢。

由于作者水平所限，书中难免有疏漏之处，恳请广大读者批评、指正。

编　者

2023.12

contents 目录

基础操作篇

基础操作篇

第1章
SD文生图的技巧

Stable Diffusion（简称SD）作为一款领先的AI生成模型，其强大的图像生成能力吸引了许多创作者的关注，特别是它的文生图功能，只需通过简单的文本描述就能够生成精美、生动的图像效果，为创作提供了极大的便利。

1.1 Stable Diffusion 的入门知识

Stable Diffusion 不仅在代码、数据和模型方面实现了全面开源，而且其参数量适中，使得大部分人可以在普通显卡上进行推理，甚至精细调整模型。

毫不夸张地说，SD 的开源对 AIGC（artificial intelligence generated content，生成式人工智能）的繁荣和发展起到了巨大的推动作用，因为它让更多的人能够轻松掌握 AI（artificial intelligence，人工智能）作画的方法。本节将深入讲解 Stable Diffusion 的概念及文生图的推理流程，帮助大家初步了解该工具的基础知识。

1.1.1 什么是Stable Diffusion

Stable Diffusion 是一种利用神经网络生成高质量图像的模型，基于扩散过程，能够在保持图像特征的同时增强图像的细节。该模型由 VAE、U-Net 和 CLIP 3 部分组成，详细介绍如下。

(1) VAE（variational auto-encoders，变分自编码器）：是一种神经网络结构，主要用于生成模型，通过学习数据的潜在空间表示来生成新的数据。在 Stable Diffusion 中，VAE 被用作概率编码器和解码器。VAE 通过将输入数据映射到潜在空间中进行编码，然后将编码的向量与潜在变量的高斯分布进行重参数化，可以直接从潜在空间中进行采样。

(2) U-Net：是一种基于卷积神经网络的图像分割模型，具有特殊的 U 形结构，可以使输入的图像分辨率逐渐减小，而输出的图像分辨率逐渐增加。在 Stable Diffusion 中，U-Net 能够对图像进行部分特征提取，并且在解码过程中对生成的图像进行重构，以获得高质量的生成结果。

(3) CLIP（contrastive language-image pre-training，文本编码器）：是一种神经网络算法，用于实现“文本 - 图像”的匹配，可以将输入的文本和图像进行语义相关性匹配，从而实现对图像内容的理解。在 Stable Diffusion 中，CLIP 不仅用于评估生成的图像，还可以指导数据的采样方式，以增加所生成图像的多样性和相关性。

具体来说，Stable Diffusion 在训练模型时会将原始图像通过不断的随机扩散和反向扩散进行变形处理，将图像的细节信息逐渐压缩到低频区域。这样，Stable Diffusion 不仅能够提取图像的潜在空间表示，还可以将图像的噪声和细节等信息分离出来。如图 1-1 所示，前向扩散过程能够将图像转换到低维潜在空间。

图 1-1 前向扩散过程

逆概率沿扩散是用于 Stable Diffusion 模型的逆模型，该模型为一个自回归模型，可以根据当前帧的噪声和之前帧生成的图像预测下一帧的噪声，通过逐步减去图像中的预测噪声生成图像。如图 1-2 所示，逆概率沿扩散可以生成高质量的图像。

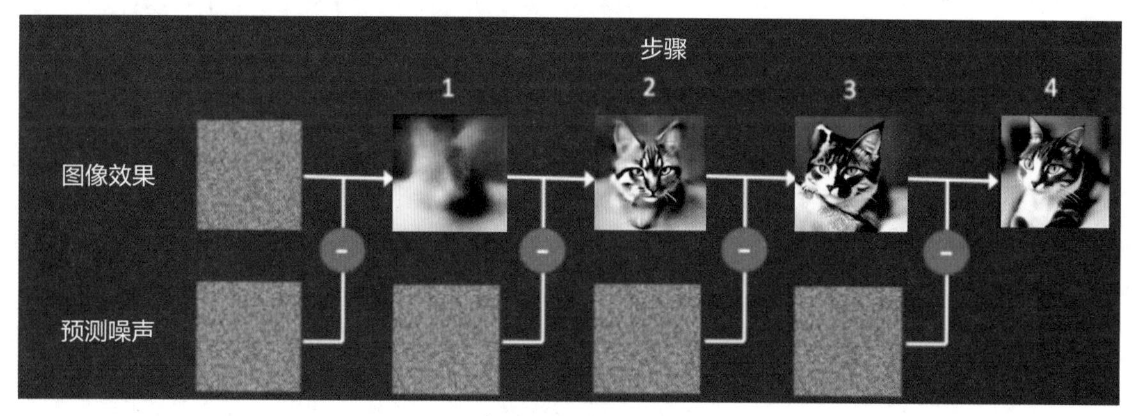

图 1-2 逆概率沿扩散过程

专家提醒

在 Stable Diffusion 中，通过噪声预测器预测噪声，这个步骤发生在去噪操作之前。首先在潜在空间中生成一张完全随机的图片，然后噪声预测器会估计图片的噪声，并将预测的噪声从图片中减去。这个过程会重复多次，直至得到一张干净的图片。

去噪过程也被称为采样，因为 Stable Diffusion 在每一步中都会生成一张新的样本图片。采样器决定了如何进行随机采样，不同的采样器会对结果产生影响。

1.1.2 文生图的推理流程

在 Stable Diffusion 中，有两种绘图模式：通过文本生成图像（即文生图）和通过图像生成图像（即图生图）。其中，文生图是指通过输入描述文本，利用扩散过程生成与之相关的图像。这种技术基于扩散模型，将文本编码器的输出与噪声相结合，然后通过解码器生成图像。

图 1-3 为 Stable Diffusion 文生图的推理流程。首先，使用文本作为输入信息，通过文本编码器 (Text encoder) 提取文本嵌入，即编码文本 (Encoded text)。同时，通过随机数生成器 (Random Number Generator，RNG) 初始化一个随机噪声，即图中的 64×64 initial noise patch(潜在空间上的噪声，512×512 图像对应的噪声维度为 64×64)。然后，将文本嵌入和随机噪声送入扩散模型 (Diffusion model) U-Net 中，生成去噪后的潜在空间。最后，将生成的潜在空间送入自编码器的解码器模块 (Decoder)，得到生成的图像。

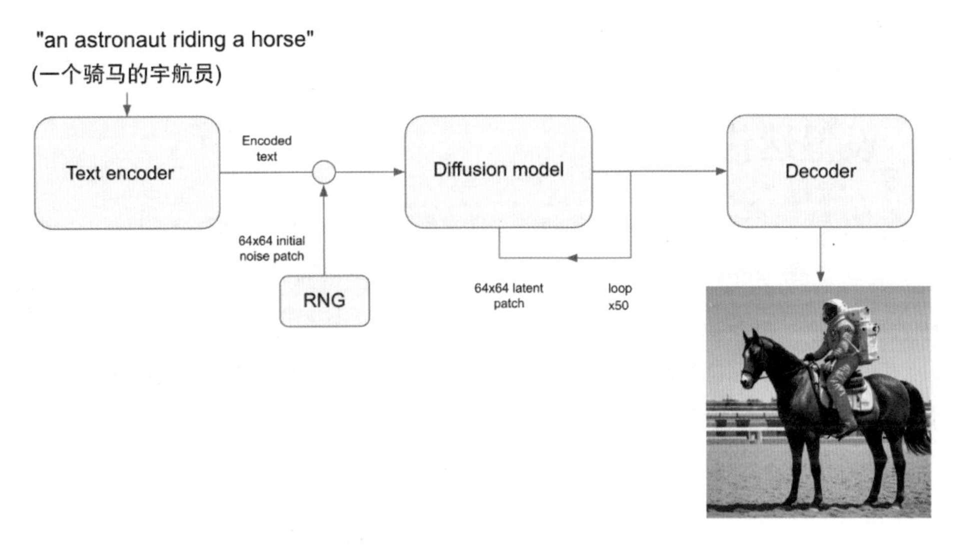

图 1-3　Stable Diffusion 文生图的推理流程

专家提醒

64×64 latent patch 指的是潜在空间中的一个 64×64 像素的区域，它被用作 U-Net 结构的输入。潜在空间指的是在去噪步骤之前，从完全随机的图片中通过噪声预测器预测出来的潜在图片。这个潜在图片可以看作是输入文本描述在潜在空间中的一种表示，而 64×64 latent patch 则是从这个潜在图片中提取出来的一个区域。

loop×50 指的是在生成图像的过程中，使用 U-Net 结构进行 50 轮的扩散过程。通过多轮的扩散过程，可以使图像更加平滑，细节也更加丰富。

Stable Diffusion 的整体操作流程非常简单，共分为 4 个步骤：选择模型、输入提示词、设置生成参数和单击“生成”按钮。最终的图像效果是由模型、提示词和生成参数三者共同决定的。其中，模型主要决定图像的画风，提示词主要决定画面内容，而生成参数则主要用于设置图像的预设属性。通过这个流程，我们可以轻松地使用 Stable Diffusion 生成符合要求的图像。

1.2 文生图的参数设置解析

Stable Diffusion 作为一款强大的 AI 绘画工具，可以通过文字描述生成各种图像，但是其参数设置比较复杂，对于新手来说不容易掌握。如何快速看懂和掌握 Stable Diffusion 的基本参数，使生成结果更符合预期呢？本节将详细介绍运用 Stable Diffusion 文生图功能过程中各项关键参数的作用，以及相应的设置方法。

1.2.1 设置迭代步数

迭代步数 (Steps) 是指输出画面需要的步数，其作用可以理解为“控制生成图像的精细程度”，Steps 越高生成的图像细节越丰富。增加 Steps 的同时会增加每个图像的生成时间，减少 Steps 则可以加快生成速度。

扫码看视频

Stable Diffusion 的采样迭代步数采用的是分步渲染的方法。分步渲染是指在生成同一张图像时，分多个阶段使用不同的文字提示进行渲染，在整张图像基本成型后，再通过添加描述进行细节的渲染和优化。这种分步渲染方式在照明、场景等方面需要运用一定的美术技巧，才能生成逼真的图像效果。

Stable Diffusion 的每一次迭代都是在上一次生成的图像的基础上进行渲染的。一般来说，Steps 保持在 18 ~ 30，即可生成较好的图像效果。如果 Steps 设置得过低，可能会导致图像生成不完整，关键细节无法呈现；而过高的 Steps 则会大幅增加生成时间，但对图像效果提升的边际效益较小，仅对细节进行轻微优化。不同迭代步数生成的图像效果对比，如图 1-4 所示。

Steps: 5　　Steps: 15　　Steps: 25　　Steps: 35

图 1-4　不同迭代步数生成的图像效果对比

下面介绍设置迭代步数的操作方法。

01 在 Stable Diffusion 的“文生图”页面中输入提示词，将“迭代步数”设置为 5，单击“生成”按钮，可以看到生成的人物图像效果非常模糊，且面部不够完整，如图 1-5 所示。

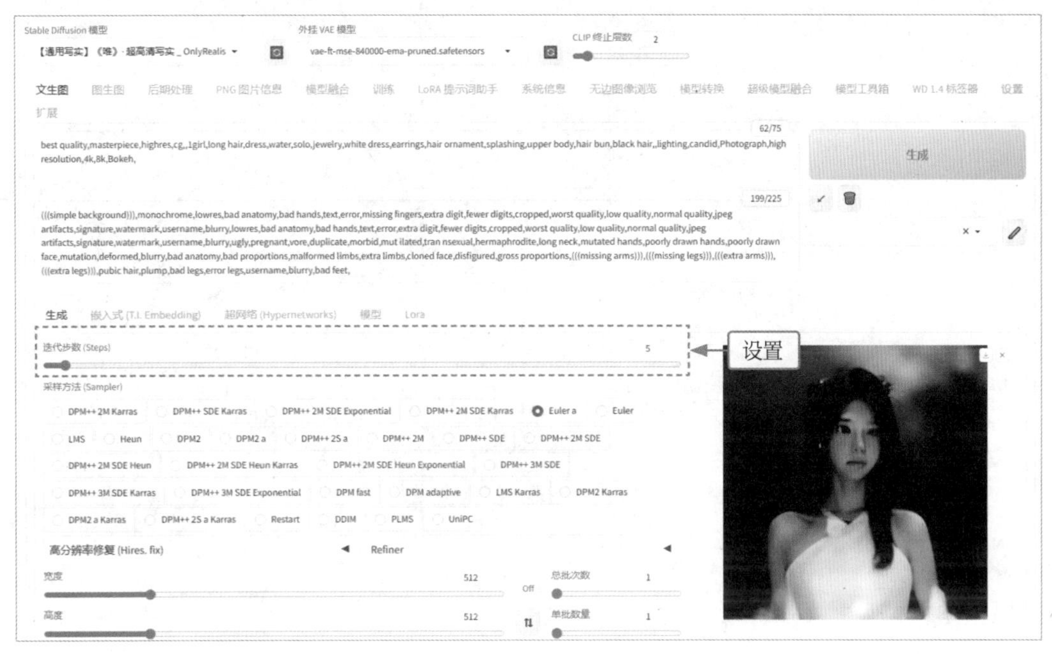

图 1-5　“迭代步数”为 5 生成的图像效果

02 锁定上图的随机数种子值，将“迭代步数”设置为 35，其他参数保持不变，单击“生成”按钮，可以看到生成的图像非常清晰，而且画面是完整的，如图 1-6 所示。

图 1-6　“迭代步数”为 35 生成的图像效果

1.2.2　设置采样方法

扫码看视频

采样可简单地理解为执行去噪的方式，Stable Diffusion 中有 30 种采样方法(Sampler)，每种方法对图片的去噪方式都不一样，生成的图像风格也不同。下面简单总结一些常见采样方法及其特点。

- 速度快：Euler 系列、LMS 系列、DPM++ 2M、DPM fast、DPM++ 2M Karras、DDIM 系列。
- 质量高：Heun、PLMS、DPM++ 系列。
- tag（标签）利用率高：DPM2 系列、Euler 系列。
- 动画风：LMS 系列、UniPC。
- 写实风：DPM2 系列、Euler 系列、DPM++ 系列。

在上述采样方法中，推荐使用 DPM++ 2M Karras，其生成图片的速度快、效果好。

专家提醒

Sampler 技术为 Stable Diffusion 等生成模型提供了更加真实、可靠的随机采样能力，从而生成更加逼真的图像效果。

下面介绍设置采样方法的操作步骤。

01 在 Stable Diffusion 的“文生图”页面中输入相应的提示词，在“采样方法”选项区中选中 DPM++ 2M Karras 单选按钮，其他设置如图 1-7 所示。

图 1-7　设置参数

02 单击“生成”按钮，即可通过采样方法 DPM++ 2M Karras 生成图像，效果如图 1-8 所示。

图 1-8　效果展示

专家提醒

Sampler 又称为采样器，除 DPM++ 2M Karras 外，常用的 Sampler 还有 3 种，分别为 Euler a、DPM++ 2S a Karras 和 DDIM。

- Euler a 的采样生成速度最快，但在生成高细节图并增加迭代步数时，会产生不可控的突变，如人物面部扭曲、图片细节扭曲等。Euler a 采样器适合生成图标、二次元图像或小场景的画面。
- DPM++ 2S a Karras 采样方法可以生成高质量图像，适合生成写实人像或刻画复杂场景，而且步幅（即迭代步数）越高，细节刻画效果越好。
- DDIM 具有比其他采样方法更高的效率，而且随着迭代步数的增加可以叠加生成更多的图像细节。

1.2.3　设置高分辨率修复

高分辨率修复 (Hires. fix) 功能首先以较小的分辨率生成初始图像，然后放大图像，最后在不更改构图的情况下修饰细节。Stable Diffusion 会依据用户设置的“宽度”和“高度”尺寸，并按照“放大倍率”进行等比例放大。

扫码看视频

01 在 Stable Diffusion 的“文生图”页面中输入提示词，单击“生成”按钮，生成一张 512×512 分辨率的图片，效果如图 1-9 所示。

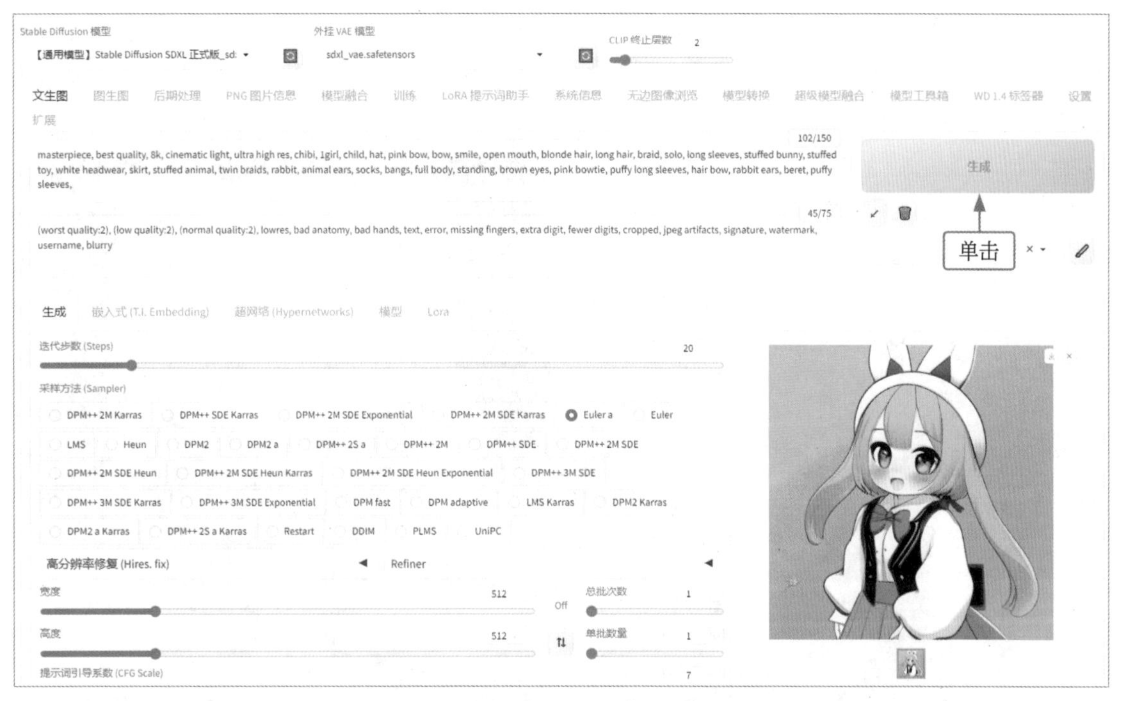

图 1-9　生成 512×512 分辨率的图片效果

02 展开“高分辨率修复”选项区，选择 R-ESRGAN 4x+Anime6B 放大算法，其他参数保持默认设置，单击“生成”按钮，即可生成一张 1024×1024 分辨率的图片，效果如图 1-10 所示。

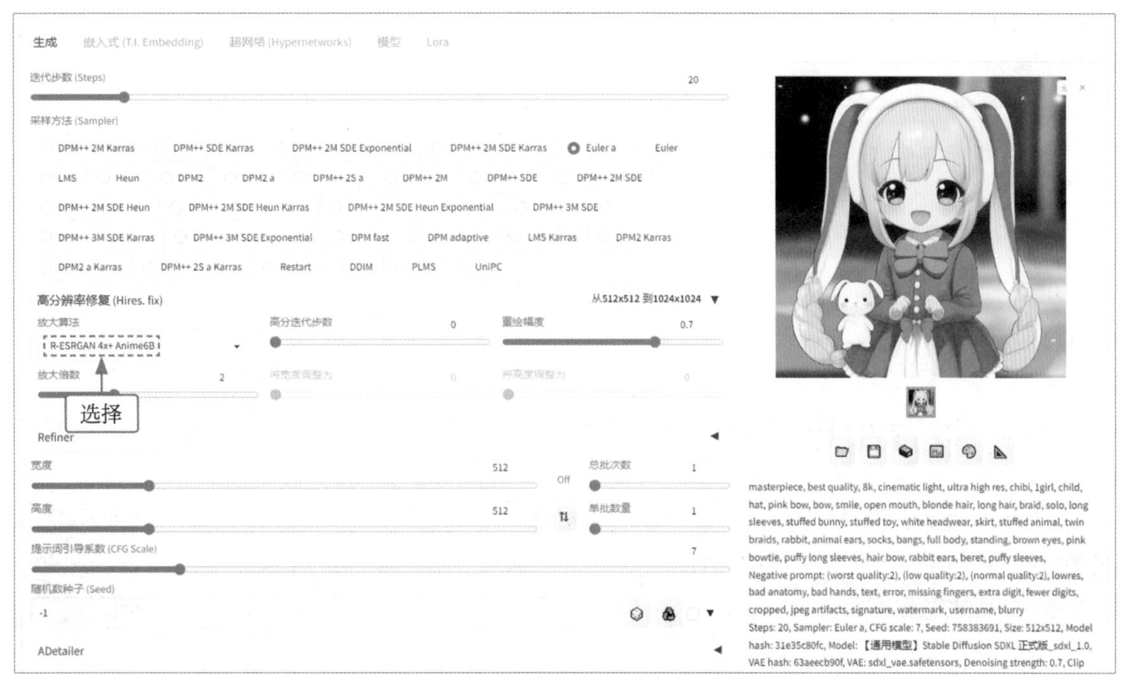

图 1-10　生成 1024×1024 分辨率的图片效果

对于显存较小的显卡来说，可以通过使用高分辨率修复功能，把“宽度”和“高度”的尺寸设置得小一些，如 512×512 的默认分辨率，然后将“放大倍数”设置为 2，Stable Diffusion 就会生成 1024×1024 分辨率的图片，且不会占用过多的显存，效果如图 1-11 所示。

分辨率 512×512

分辨率 1024×1024

图 1-11 效果展示

专家提醒

在“高分辨率修复”选项区中，以下几个选项的设置非常关键。

- 放大算法的选择，动漫图片建议选择 R-ESRGAN 4x+Anime6B 放大算法，写实图片则建议选择 R-ESRGAN 4x+ 放大算法。
- 高分迭代步数通常设置为 0，即采用原有图画。
- 重绘幅度通常设置为 0.4 ~ 0.7，用户可以自己尝试调试，该数值设置得太高时，再次生成的图片就会与原图相差甚远。

1.2.4 设置图片尺寸

图片尺寸即分辨率，指的是图片宽和高的像素数量，它决定了数字图像的细节再现能力和质量。例如，分辨率为 768×512 的图像在细节表现方面具有较高的质量，可以提供更好的视觉效果。

扫码看视频

下面介绍设置图片尺寸的操作方法。

01 在“文生图”页面中输入提示词，设置“宽度”为 768、“高度”为 512，表示生成分辨率为 768×512 的图像，其他设置如图 1-12 所示。

图 1-12　设置参数

02　单击“生成”按钮，即可生成相应尺寸的横图，效果如图 1-13 所示。

图 1-13　效果展示

专家提醒

通常情况下，8GB 显存的显卡，图片尺寸应尽量设置为 512×512 的分辨率，否则太小的画面无法描绘好，太大的画面则容易使显存过载，导致画面出现错误或者电脑的帧数骤降，甚至出现系统崩溃等情况。超过 8GB 显存的显卡可以适当调高分辨率。

图片尺寸需要和提示词所生成的画面效果相匹配，如设置为 512×512 的分辨率时，人物大概率会出现大头照。用户也可以固定一个图片尺寸的值，并将另一个值调高，但固定值要保持在 512 ~ 768 的分辨率。

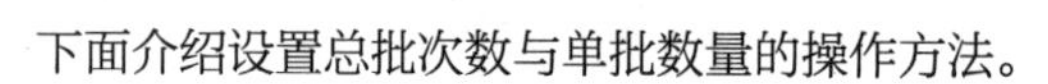

1.2.5 设置总批次数与单批数量

简单来说，总批次数指的是整个生成过程被分割成的批次数量，每个批次代表了一次生成操作；单批数量则是指在每个批次中同时生成的图像数量。

下面介绍设置总批次数与单批数量的操作方法。

01 在“文生图”页面中输入相应的提示词，设置“总批次数”为 6，即一次循环生成 6 张图片，其他设置如图 1-14 所示。

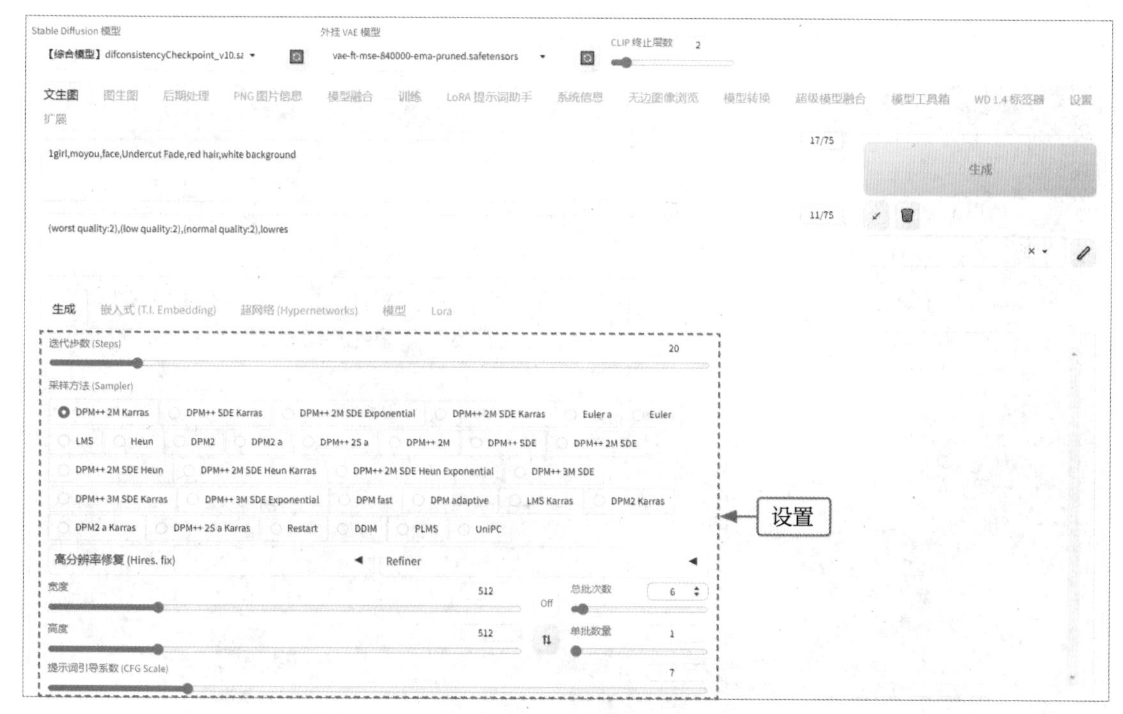

图 1-14 设置“总批次数”参数

02 单击“生成”按钮，即可同时生成 6 张图片，且每张图片的差异性都比较大，效果如图 1-15 所示。

图 1-15　生成 6 张图片的效果

03 保持提示词和其他参数设置不变，设置“总批次数”为 2、“单批数量”为 3，可以理解为一个批次里一次生成 3 张图片，共生成 2 个批次，如图 1-16 所示。

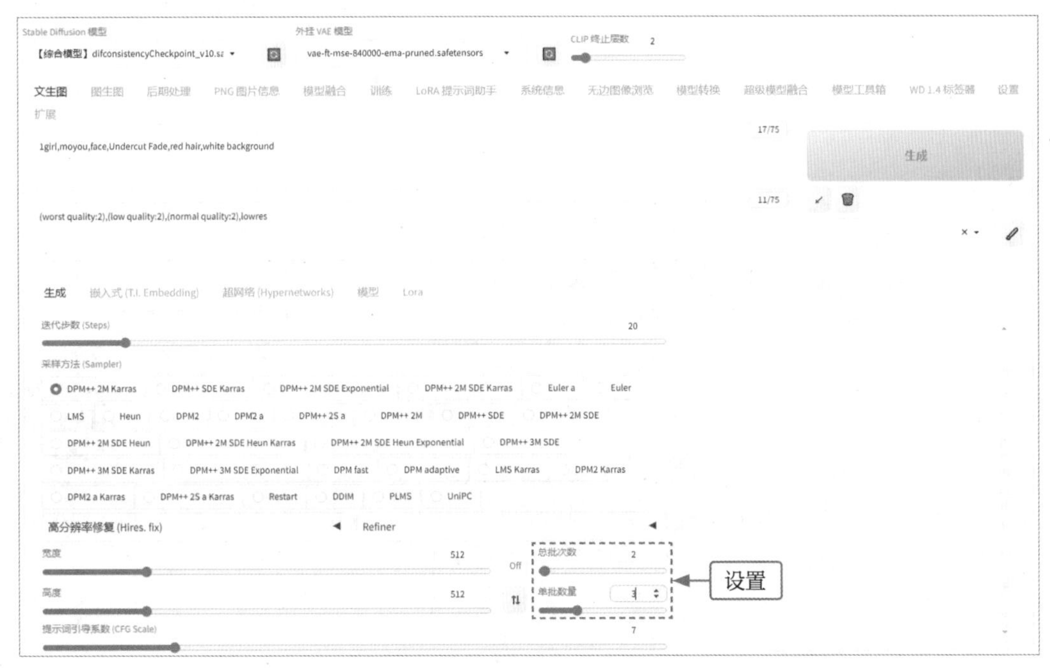

图 1-16　设置“总批次数”和“单批数量”参数

04 单击“生成”按钮，即可生成 6 张图片，且同批次中的图片差异较小，但出图效果比较差，如图 1-17 所示。

图 1-17　效果展示

专家提醒

需要注意的是，Stable Diffusion 默认的出图效果是随机的，又称为“抽卡”。也就是说，用户需要不断地生成新图，从中抽出一张效果最好的图片。

如果用户的电脑显卡配置比较高，可以使用单批数量的方式出图，速度会更快，同时能够保证一定的画面效果。在硬件资源有限的情况下，可以加大总批次数，每一批只生成一张图片，让 AI 尽量画好每一个画面。

1.2.6　设置提示词引导系数

提示词引导系数 (CFG Scale) 主要用来调节提示词对 AI 绘画效果的引导程度，参数范围为 0 ~ 30，数值越高，绘制的图片越符合提示词的要求。

下面介绍设置提示词引导系数的操作方法。

扫码看视频

01 在“文生图”页面中输入相应的提示词，设置“提示词引导系数”为 2，表示提示词与绘画效果的关联性较低，其他设置如图 1-18 所示。

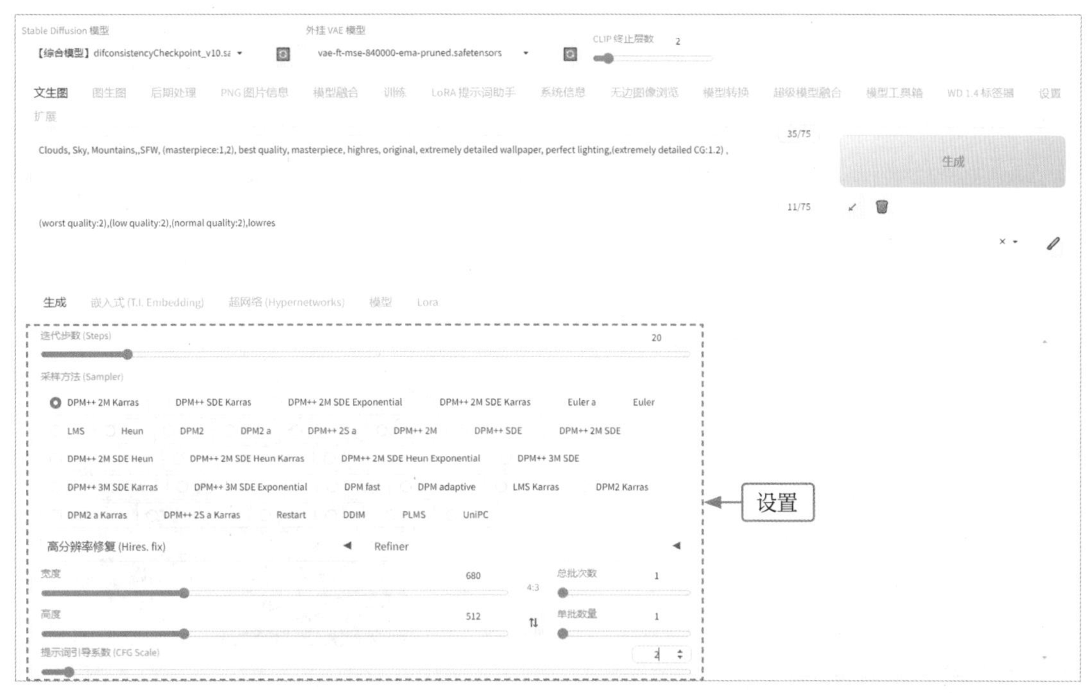

图 1-18　设置较低的提示词引导系数

02　单击“生成”按钮，即可生成相应的图像，图像内容与提示词的关联性不大，效果如图 1-19 所示。

图 1-19　较低的提示词引导系数生成的图像效果

03 保持提示词和其他设置不变，设置“提示词引导系数”为 10，表示提示词与绘画效果的关联性较高，如图 1-20 所示。

图 1-20　设置较高的提示词引导系数

04 单击“生成”按钮，即可生成相应的图像，图像内容与提示词的关联性较大，画面的光影效果更突出、质量更高，效果如图 1-21 所示。

图 1-21　效果展示

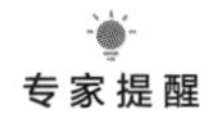

专家提醒

提示词引导系数的参数值建议设置为 7 ~ 12，过低的参数值会导致图像的色彩饱和度降低；而过高的参数值则会产生粗糙的线条或过度锐化的图像细节，甚至可能导致图像失真。

1.3　随机数种子的使用技巧

在 Stable　Diffusion 中，随机数种子 (Seed) 可以理解为每个图像的唯一编码，能够帮助我们复制和调整生成的图像效果。

当 Seed 设置为 -1 时，图像将随机生成。如果复制图像的 Seed 值，并将其填入“随机数种子”文本框内，后续生成的图像将基本保持不变。本节主要介绍随机数种子功能的一些基本用法，帮助用户更好地控制 AI 绘画效果。

1.3.1　设置随机数种子

扫码看视频

用户在绘图时，当发现有满意的图像时，就可以复制并锁定图像的随机数种子，使后续生成的图像更加符合自己的需求。

下面介绍设置随机数种子的操作方法。

01　在“文生图”页面中选择一个二次元风格的大模型，输入相应的提示词，描述画面的主体内容，如图 1-22 所示。

图 1-22　输入提示词

02　在“生成”选项卡中，默认“随机数种子”的参数值为 -1，表示随机生成图像效果，其他设置如图 1-23 所示。

专家提醒

在 Stable Diffusion 中，随机数种子是通过一个 64 位的整数来表示的。如果将这个整数作为输入值，AI 模型会生成一个对应的图像。如果多次使用相同的随机数种子，则 AI 模型会生成相同的图像。

在“随机数种子”文本框的右侧，单击♲按钮，可以将参数值重置为 -1，则每次生成图像时都会使用一个新的随机数种子。

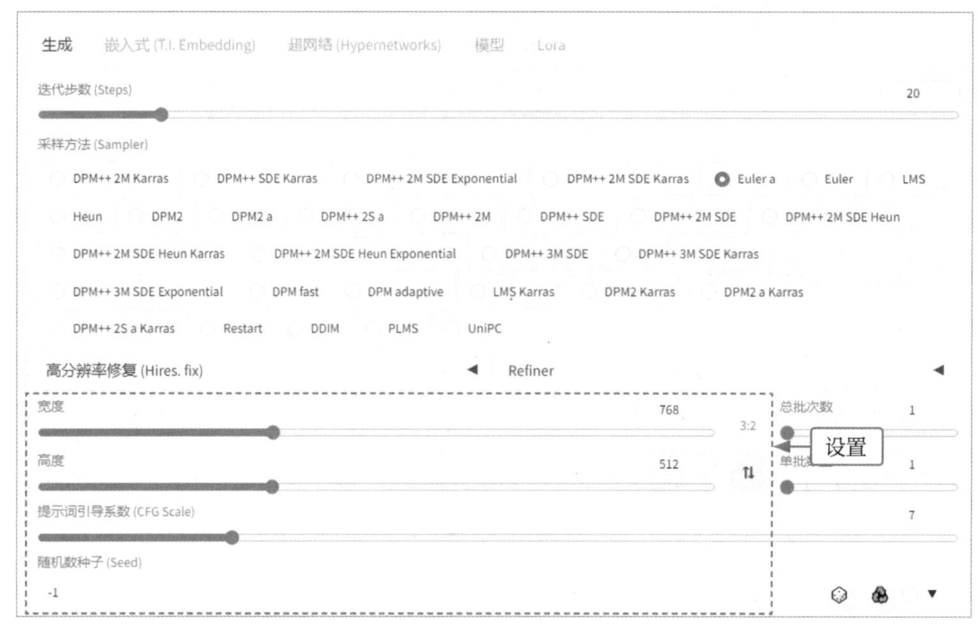

图 1-23 设置参数

03 单击“生成”按钮，每次生成图像时都会随机生成一个新的种子，从而得到不同的结果，效果如图 1-24 所示。

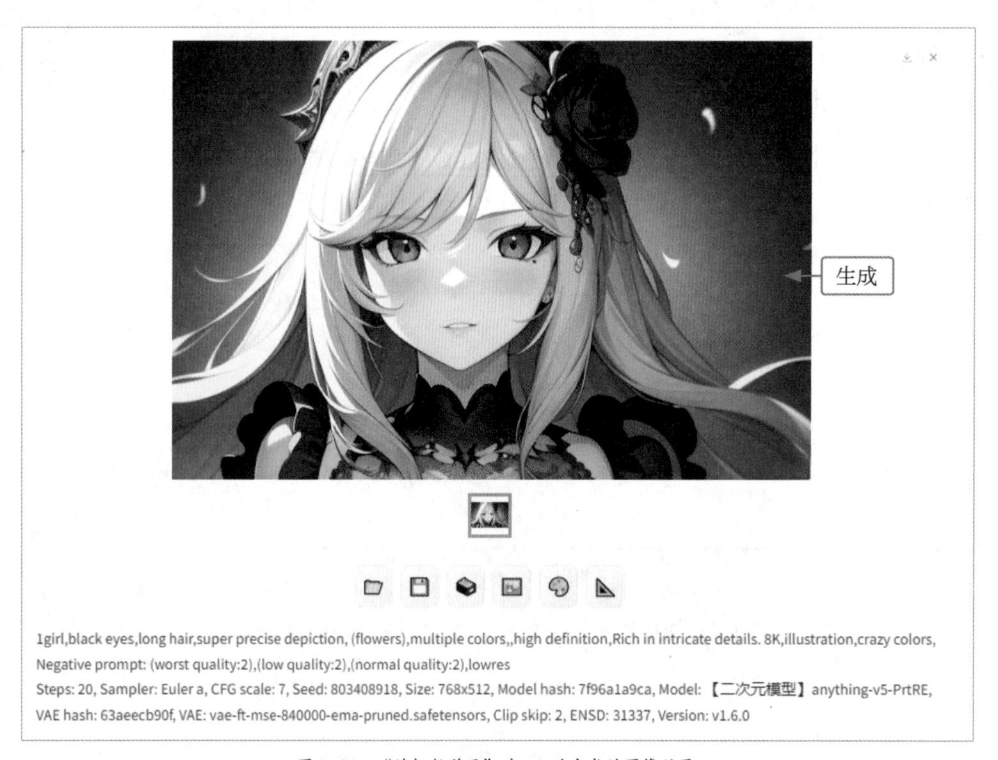

图 1-24 “随机数种子”为 -1 时生成的图像效果

04 在下方的图片信息中找到并复制 Seed 值，将其填入“随机数种子”文本框内，如图 1-25 所示。

05 单击“生成”按钮，则后续生成的图像将保持不变，每次得到的结果都是相同的，效果如图 1-26 所示。

图 1-25　填入 Seed 值

图 1-26　效果展示

1.3.2　修改变异随机种子

在 Stable Diffusion 中，用户还可以使用变异随机种子 (different random seed，简称 diff seed) 来控制出图效果。变异随机种子是指在生成图像的过程中，每

次的扩散过程中都会使用不同的随机数种子，从而产生与原图不同的图像，可以将其理解为在原图上进行叠加变化。

变异强度 (diff intensity) 表示原图与新图的差异程度。变异强度越大，变异随机种子对图像的影响就越大，我们可以根据需要灵活调整生成的新图像与原图像之间的相似程度。

专家提醒

当 diff seed 为 0 时，表示完全按照随机种子的值生成新图像，也就是完全复制输入的原图像，即新图与原图完全相同。在这种情况下，无论输入什么样的图像，只要随机种子相同，生成的图像结果就相同。

当 diff seed 为 1 时，表示完全按照变异随机种子的值生成新图像，也就是与输入的原图像有很大的差异，即新图与原图完全不相同。在这种情况下，每次输入相同的图像，都会得到不同的结果，因为每次都会生成新的变异随机种子。

下面介绍修改变异随机种子的操作方法。

01 在上一例效果的基础上，选中“随机数种子”右侧的复选框，展开该选项区，可以看到“变异随机种子”的参数值默认为 -1，保持该参数值不变，将“变异强度”设置为 0.21，如图 1-27 所示。

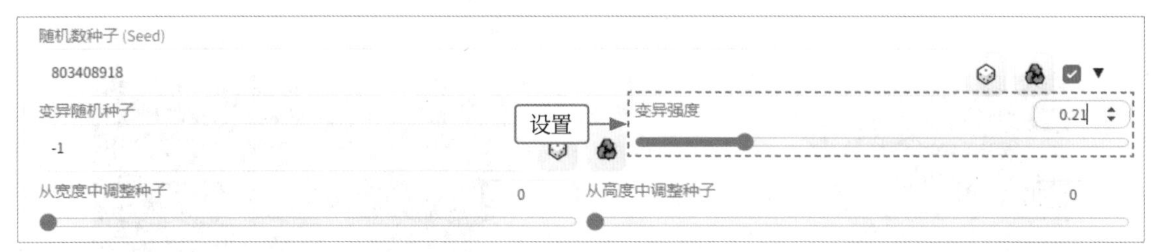

图 1-27 设置“变异强度”参数

02 单击“生成”按钮，则后续生成的新图的效果与原图比较接近，只有细微的差别，如图 1-28 所示。

图 1-28 生成的新图与原图比较接近

03 将“变异强度”设置为 0.5，其他参数保持不变，如图 1-29 所示。

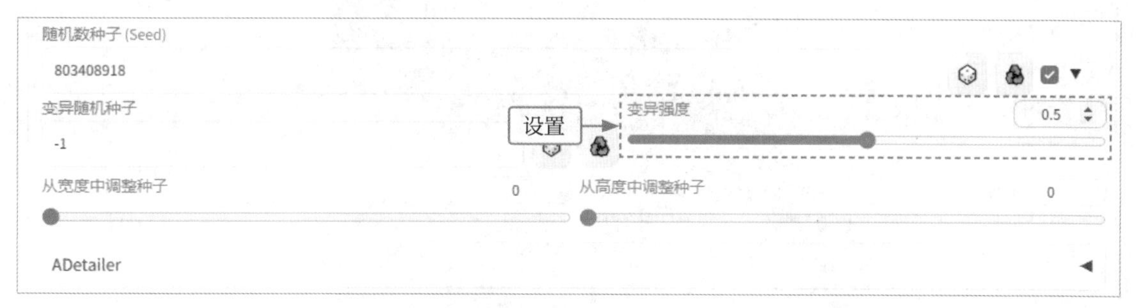

图 1-29　设置“变异强度”参数

04 单击“生成”按钮，则后续生成的新图的效果与原图差异很大，如图 1-30 所示。

图 1-30　效果展示

1.3.3　融合不同的图片效果

用户可以利用随机数种子和变异随机种子，将不同的图片效果进行融合。

扫码看视频

下面介绍融合不同的图片效果的操作方法。

01 进入 Stable Diffusion 的“PNG 图片信息”页面，在“来源”选项区中单击“点击上传”链接，如图 1-31 所示。

图 1-31　单击“点击上传”链接

02 在弹出的“打开”对话框中，选择素材图像，单击“打开”按钮上传图像，将其命名为图 1，如图 1-32 所示。

03 在页面右侧，可以看到图像的提示词等生成参数，单击“发送到文生图”按钮，如图 1-33 所示。

图 1-32　打开并命名图像（图 1）

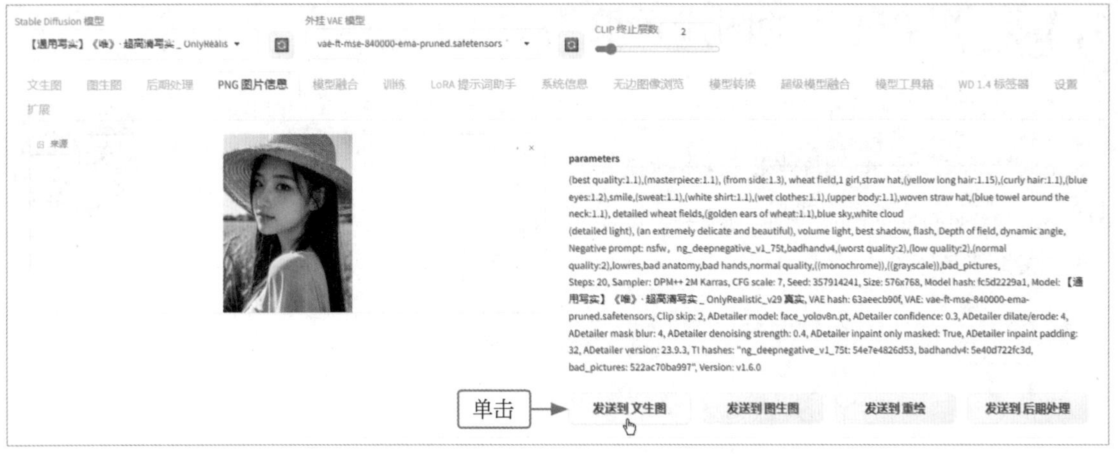

图 1-33　单击“发送到文生图”按钮

专家提醒

在“PNG图片信息”页面中，只有上传用Stable Diffusion生成的图片，页面右侧才会显示对应的生成参数信息。如果上传的图片不是由Stable Diffusion生成的，或者图片被重新编辑和保存过，则可能无法读取到对应的生成参数信息。

04 执行操作后，进入“文生图”页面，单击 按钮，重置随机数种子，单击“生成”按钮，如图 1-34 所示。

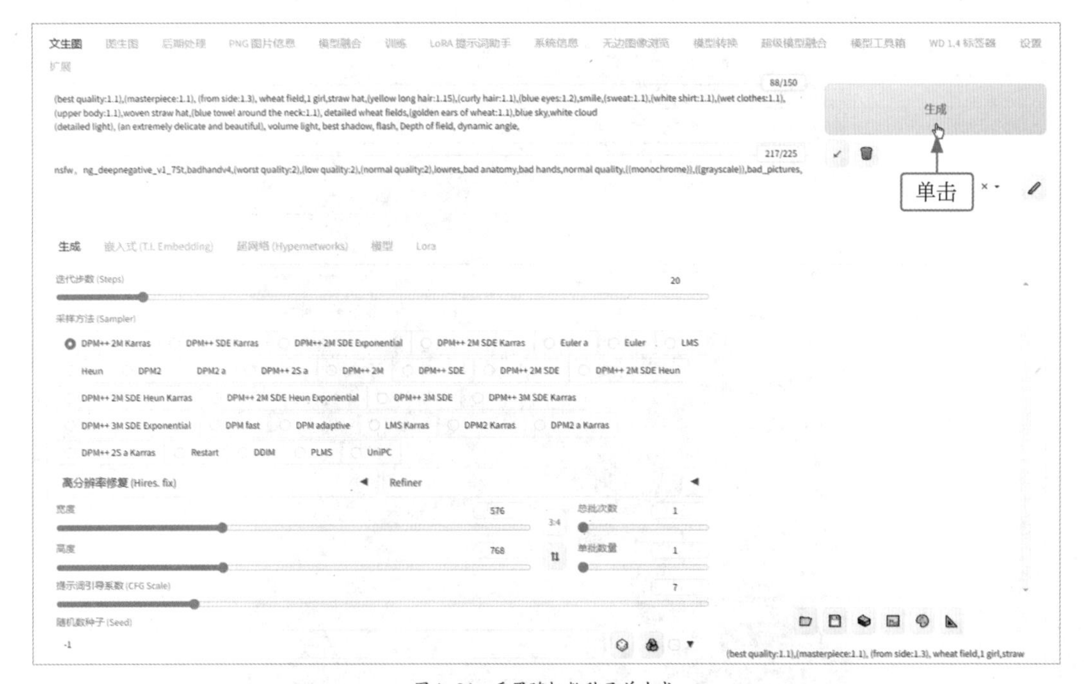

图 1-34　重置随机数种子并生成

05 执行操作后，即可生成新的图像，将其命名为图 2，如图 1-35 所示。

06 复制 Seed 值，将其填入“随机数种子”文本框内，如图 1-36 所示。

图 1-35　生成新图像并命名（图 2）

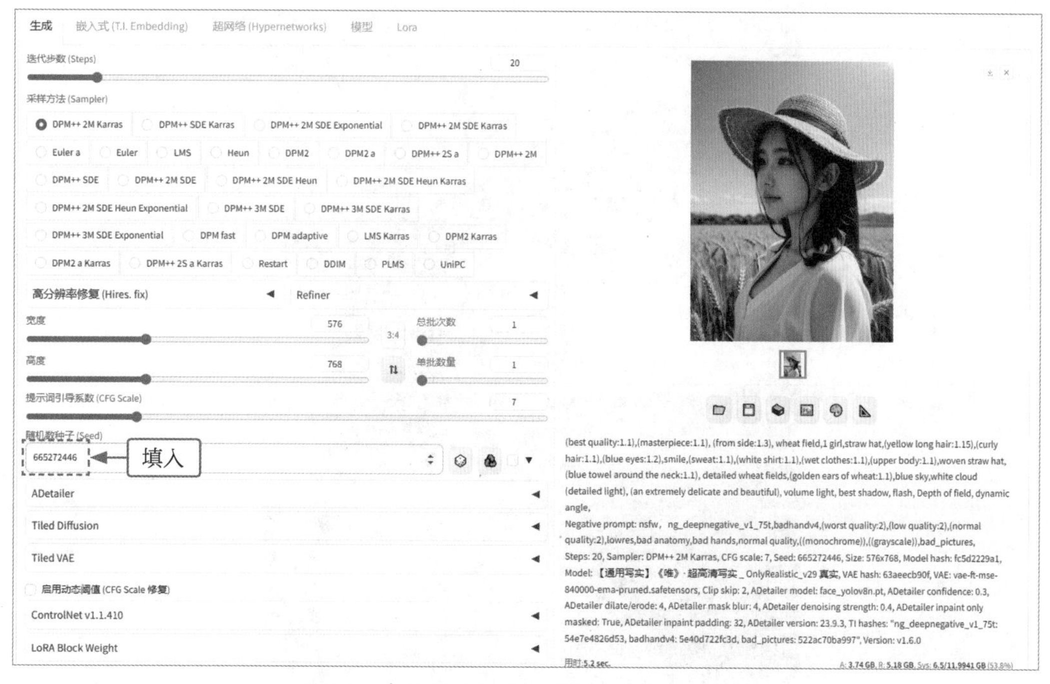

图 1-36　在“随机数种子”文本框内填入图 2 的 Seed 值

07 返回“PNG 图片信息”页面，复制图 1 的 Seed 值，将其填入“变异随机种子”文本框内，并将“变异强度”设置为 0.2，如图 1-37 所示。

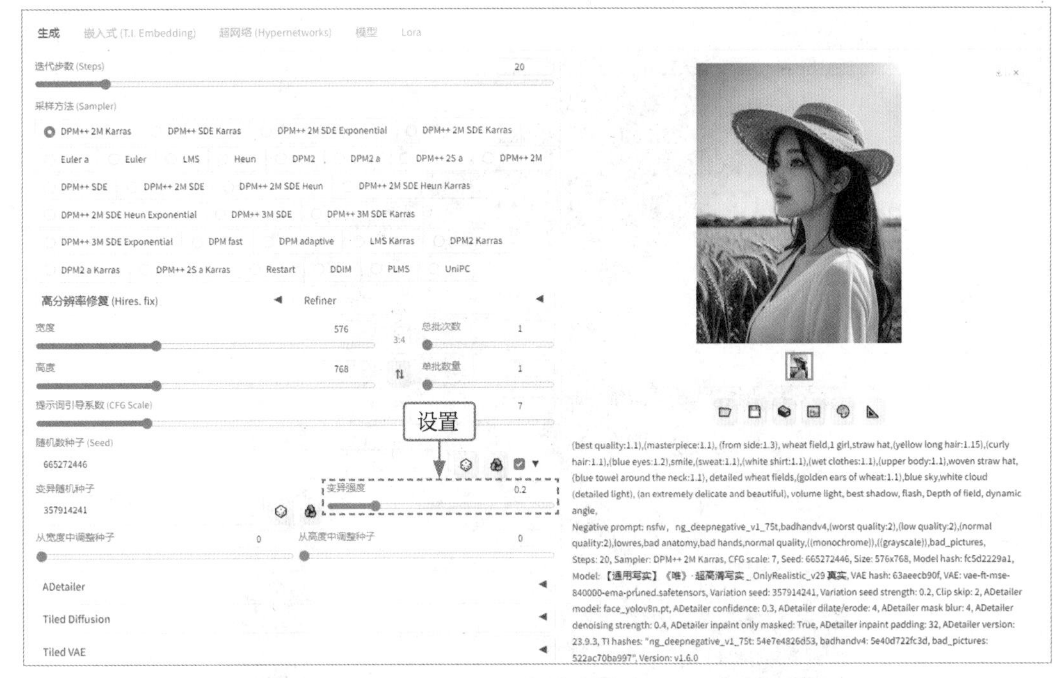

图 1-37　设置“变异强度”为 0.2

08 单击“生成”按钮，生成相应的图像效果，如图 1-38 所示。

图 1-38　变异强度为 0.2 生成的图像效果

09 将“变异强度”设置为 0.8，如图 1-39 所示。

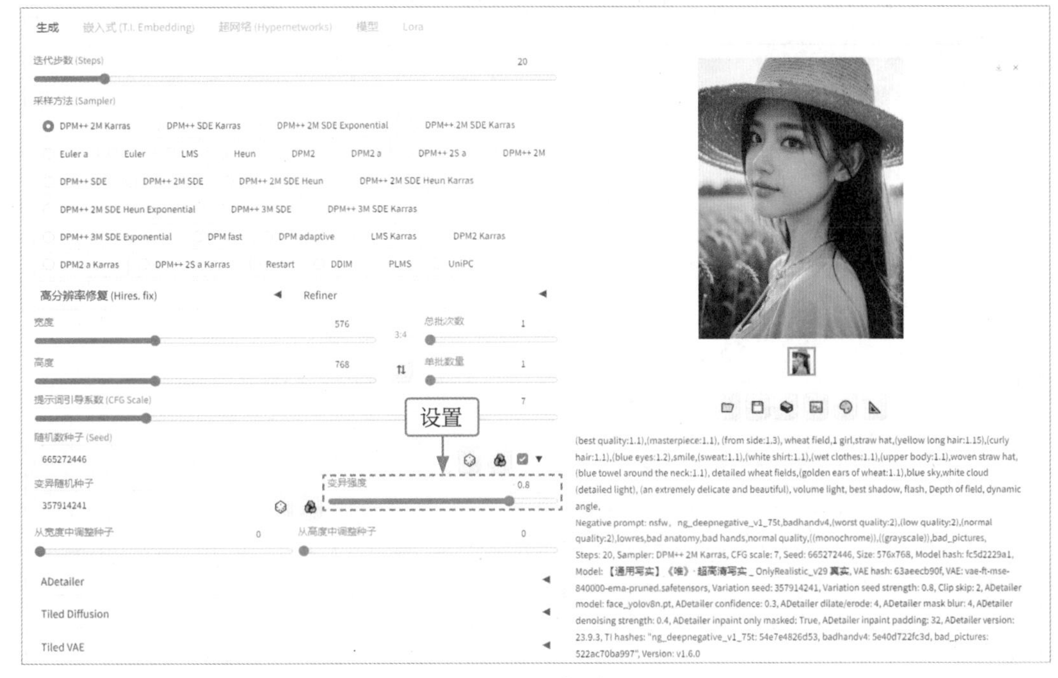

图 1-39　设置“变异强度”为 0.8

10 再次单击“生成”按钮，生成相应的图像效果，如图 1-40 所示。

图 1-40　变异强度为 0.8 生成的图像效果

在本案例中，我们固定了图 2 的 Seed 值，而图 1 则作为影响图 2 的一个变量。从图 1-38 和图 1-40 的效果对比可以直观感受到：当“变异强度”设置为 0.2 时，图 2 带有一点图 1 的风格；当“变异强度”设置为 0.8 时，图 2 几乎变成了图 1 的风格。

第 2 章 SD 图生图的技巧

图生图功能大幅强化了 Stable Diffusion 软件的图像生成控制能力和出图质量，可以帮助用户制作出更加个性化的图片风格，生产出富有创意的数字艺术画作。本章重点介绍 Stable Diffusion 的图生图 AI 绘画技巧，让读者在创造艺术画作时获得更多的灵感。

2.1 掌握图生图的绘图技巧

图生图是一种基于深度学习技术的图像生成方法，它通过对一张图片进行转换来得到另一张与之相关的新图片，这种技术广泛应用于计算机图形学、视觉艺术等领域。本节介绍 Stable Diffusion 图生图功能的使用技巧，并通过案例演示，讲解如何利用这些技巧来创造独特而有趣的图像效果。

2.1.1 图生图的主要特点

Stable Diffusion 的图生图功能允许用户输入一张图片，通过添加文本描述的方式生成新图片并输出，相关示例如图 2-1 所示。

图 2-1 图生图示例

图生图功能突破了 AI 完全随机生成的局限性，为图像创作提供了更多的可能性，进一步增强了 Stable Diffusion 在数字艺术创作等领域的使用价值。Stable Diffusion 图生图功能的主要特点如下。

- 基于输入的原始图像生成新图像，保留主要的样式和构图。
- 支持添加文本提示词，指导图像的生成方向，如修改风格、增加元素等。
- 通过分步渲染，逐步优化和增强图像细节。
- 借助原图内容，可以明显改善和控制生成的图像效果。
- 模拟不同的艺术风格，并通过文本描述进行风格迁移。
- 可批量处理大量图片，自动完成图片的优化和修改。

2.1.2　设置缩放模式

扫码看视频

当原图与新图设置的尺寸参数不一致时，用户可以通过“缩放模式”选项来选择图片处理模式，让出图效果更加合理。

下面介绍设置缩放模式的操作方法。

01　进入 Stable Diffusion 的“图生图”页面，选择一个二次元风格的大模型，在“图生图”选项卡中单击“点击上传”链接，如图 2-2 所示。

02　在弹出的“打开”对话框中，选择一张原图，如图 2-3 所示。

图 2-2　单击“点击上传”链接

图 2-3　选择一张原图

03　单击“打开”按钮，即可上传原图，如图 2-4 所示。

04　在页面下方设置相应的生成参数，在“缩放模式”选项区中，默认选中“仅调整大小”单选按钮，如图 2-5 所示。

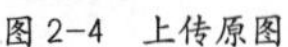
图 2-4　上传原图

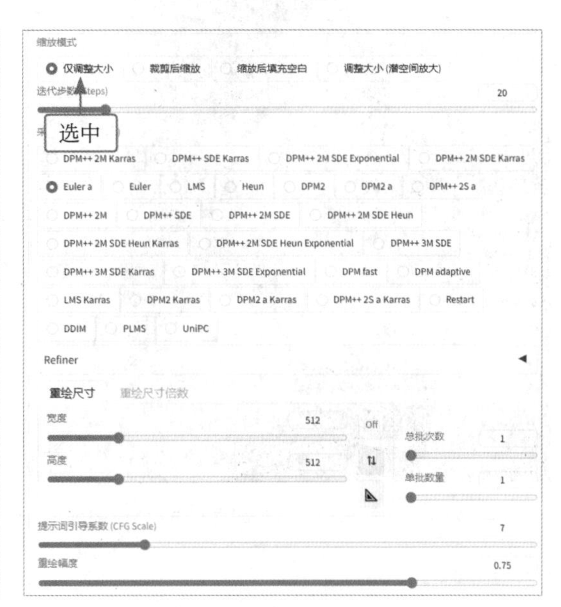

图 2-5　默认选中“仅调整大小”单选按钮

05 在页面上方的提示词输入框中，输入相应的提示词，单击“生成”按钮，如图 2-6 所示。

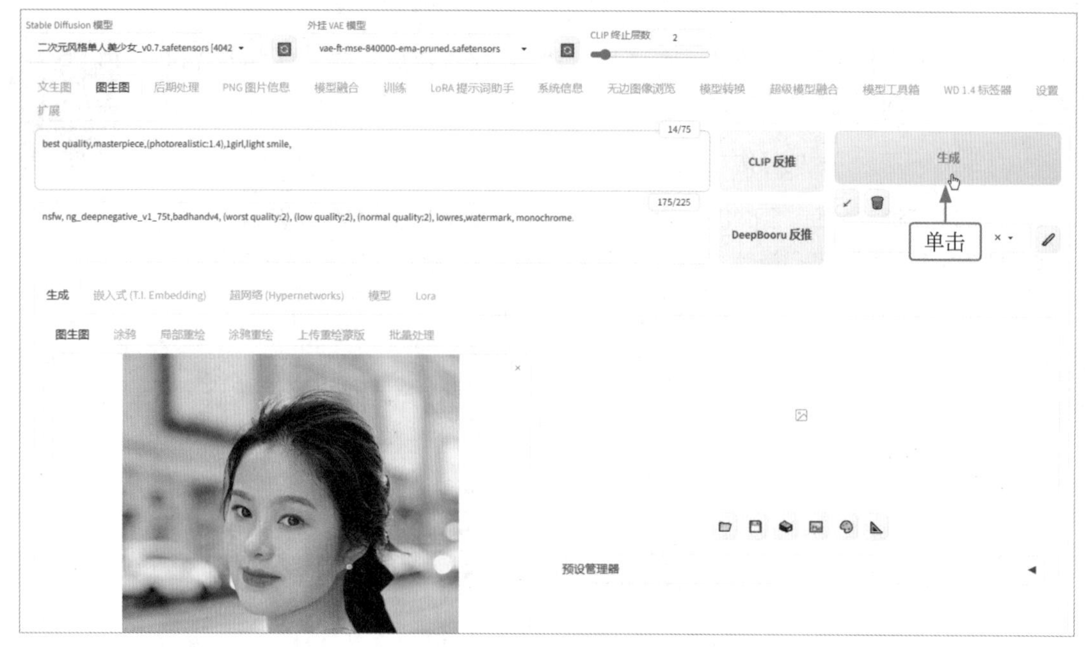

图 2-6 输入提示词并生成图像

06 执行操作后，即可使用“仅调整大小”模式生成相应的新图，Stable Diffusion 会将图像大小调整为用户设置的目标分辨率。此时，除非原图的高度和宽度与新图的尺寸参数匹配，否则将获得不正确的横纵比，可以看到画面中的主体已被拉伸，效果如图 2-7 所示。

07 在页面下方的“缩放模式”选项区中，选中“裁剪后缩放”单选按钮，如图 2-8 所示。

图 2-7 “仅调整大小”模式生成的图像效果

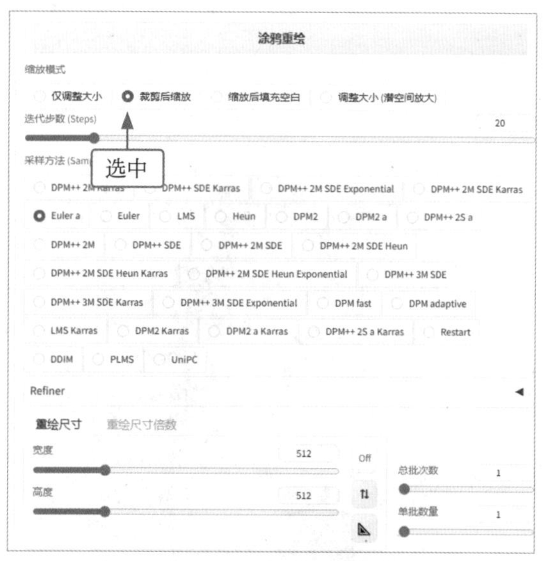

图 2-8 选中“裁剪后缩放”单选按钮

08 单击“生成”按钮，即可使用“裁剪后缩放”模式生成相应的新图，Stable Diffusion 会自动调整图像的大小，按照目标分辨率填充图像，并裁剪掉多出的部分，效果如图 2-9 所示。

09 在“缩放模式”选项区中，选中“缩放后填充空白”单选按钮，如图 2-10 所示。

图 2-9　“裁剪后缩放”模式生成的图像效果

图 2-10　选中“缩放后填充空白”单选按钮

10 单击“生成”按钮，即可使用“缩放后填充空白”模式生成相应的新图片，Stable Diffusion 会自动调整图像的大小，使整个图像都采用目标分辨率，同时用图像的颜色自动填充空白区域。原图与效果对比，如图 2-11 所示。

图 2-11　原图与效果对比

2.1.3　设置重绘幅度

扫码看视频

在 Stable　Diffusion 中，重绘幅度功能主要用于控制在图生图中重新绘制图像时的强度或程度，较小的参数值会生成较柔和、逐渐变化的图像效果，而较大的参数值则会产生强烈变化的图像效果。

下面介绍设置重绘幅度的操作方法。

01　进入“图生图”页面，上传一张原图，如图 2-12 所示。

02　在页面下方设置“重绘幅度”为 0.2，如图 2-13 所示。重绘幅度值越小，生成的新图会越贴合原图的效果。

图 2-12　上传一张原图

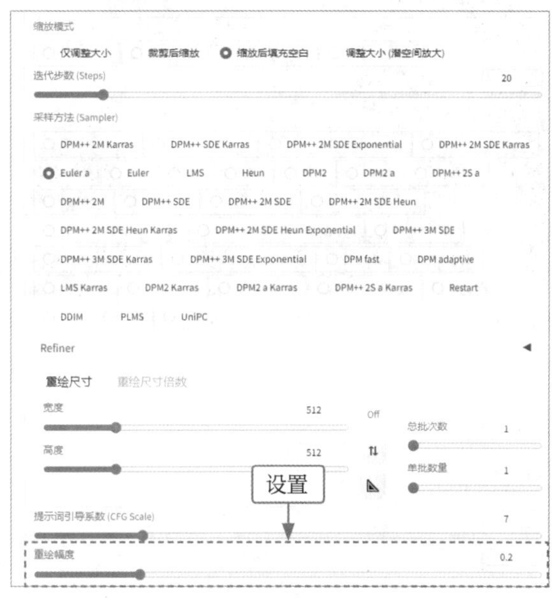

图 2-13　设置参数

03　选择一个二次元风格的大模型，并输入相应的提示词，设置生成的新图为二次元风格，如图 2-14 所示。

图 2-14　输入提示词

04 单击“生成”按钮，即可生成新图，较小的重绘幅度值使新图与原图相比几乎无变化，效果如图 2-15 所示。

05 将“重绘幅度”设置为 0.7，再次单击“生成”按钮，即可生成新图，较大的重绘幅度值导致新图的变化非常大，效果如图 2-16 所示。

图 2-15 重绘幅度为 0.2 的图像效果

图 2-16 重绘幅度为 0.7 的图像效果

专家提醒

当重绘幅度值低于 0.5 时，新图比较接近原图；当重绘幅度值超过 0.7 时，AI 的自由创作力度就会变大。因此，用户可以根据需要调整重绘幅度值，以达到自己想要的效果。

重绘幅度功能可用于各种不同的图像处理和生成任务，包括图像增强、色彩校正、图像修复等。例如，在改变图像的色调或进行其他形式的颜色调整时，可能需要较小的重绘幅度值；而在大幅度改变图像内容或进行风格转换时，则可能会需要更大的重绘幅度值。

2.2 掌握图生图的高级规则

本节主要介绍一些图生图的高级技巧，如涂鸦、局部重绘、涂鸦重绘、上传重绘蒙版和批量处理等，这些技巧能够帮助用户创作出更加独特和富有艺术感的图像效果。

2.2.1 使用涂鸦功能绘图

涂鸦功能可以让用户在涂抹的区域按照指定的提示词生成想要的部分图像，用户能够更加自由地创作和定制图像。

扫码看视频

下面介绍使用涂鸦功能绘图的操作方法。

01 进入“图生图”页面，切换至“涂鸦”选项卡，上传一张原图，如图 2-17 所示。

02 使用笔刷工具，在人物的眼部涂抹出一个眼镜形状的蒙版，如图 2-18 所示。

图 2-17　上传一张原图

图 2-18　涂抹出眼镜形状的蒙版

03 选择一个写实类的大模型，输入相应的提示词，控制将要绘制的图像内容，如图 2-19 所示。

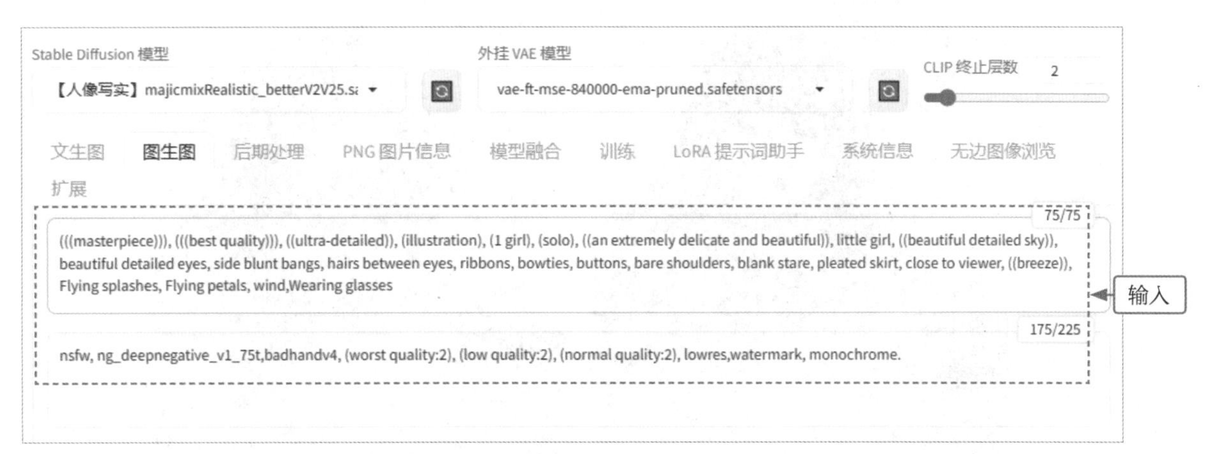

图 2-19　输入提示词

04 单击 ◣ 按钮，自动设置宽度和高度参数，将重绘尺寸调整为与原图一致，其他设置如图 2-20 所示。

05 单击“生成”按钮，即可生成相应的眼镜图像，原图与效果对比，如图 2-21 所示。

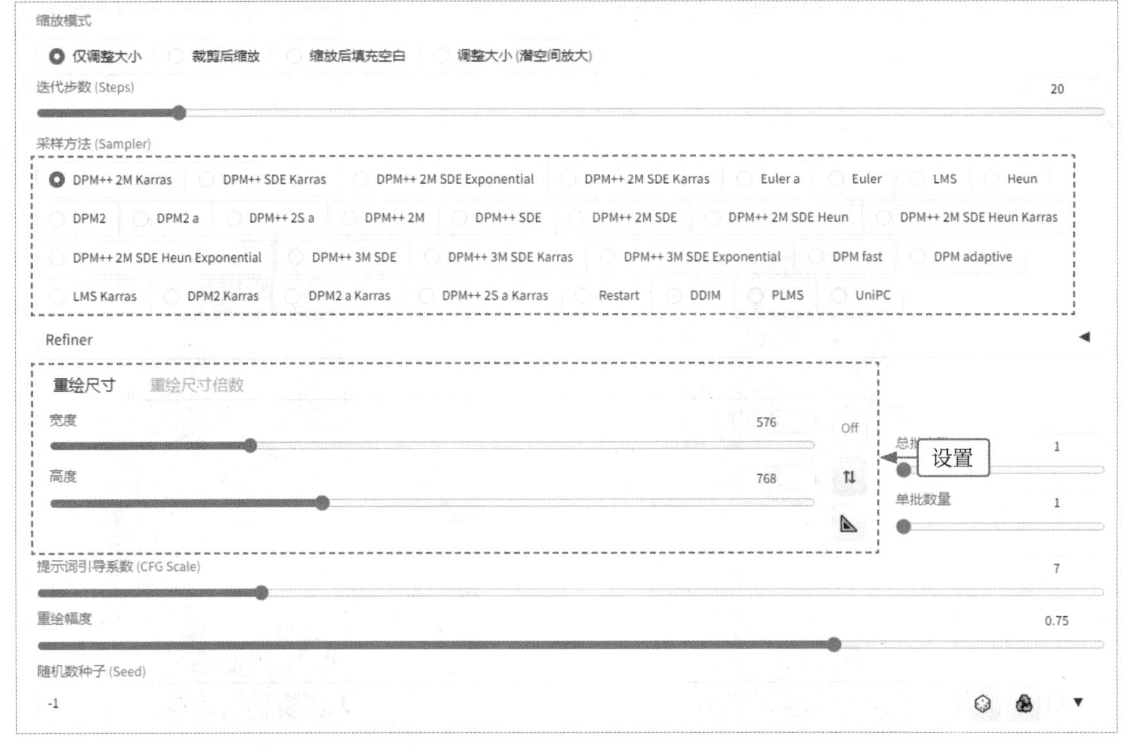

图 2-20　设置参数

图 2-21　原图与效果对比

专家提醒

在"涂鸦"选项卡中，单击  按钮，在弹出的拾色器中可以选择相应的笔刷颜色，已被涂鸦的区域将会根据涂鸦的颜色进行改变。但是，这种颜色的变化可能会对图像生成产生较大的影响，甚至导致人物姿势的改变。

需要注意的是，在涂鸦后不改变任何参数的情况下生成图像时，即使没有被涂鸦的区域也会发生一些变化。

2.2.2　使用局部重绘功能绘图

扫码看视频

局部重绘是 Stable Diffusion 图生图中的一个重要功能，它能够针对图像的局部区域进行重新绘制，从而做出各种具有创意的图像效果。局部重绘功能只对特定的区域进行修改和变换，且保持其他部分不变，可以让用户更加灵活地控制图像的变化。

局部重绘功能可以应用到许多场景中，对图像的某个区域进行局部增强或改变，以实现更加细致和精确的图像编辑。例如，我们可以只修改图像中的人物脸部特征，从而实现人脸交换或面部修改等操作。

专家提醒

局部重绘功能中有两种蒙版模式，即重绘蒙版内容和重绘非蒙版内容，这两种模式主要用于控制重绘的内容和效果。

在局部重绘功能的生成参数中，选中“重绘蒙版内容”单选按钮时，只有蒙版内的区域会被重绘，而蒙版外的部分则保持不变。这种模式通常用于对图像的特定区域进行修改或变换，通过在蒙版内绘制新的内容，可以实现局部重绘的效果。

当选中“重绘非蒙版内容”单选按钮时，只有蒙版外的区域会被重绘，而蒙版内的部分则保持不变。

下面介绍使用局部重绘功能绘图的操作方法。

01　进入“图生图”页面，选择一个写实类的大模型，切换至“局部重绘”选项卡，上传一张原图，如图 2-22 所示。

02　单击右上角的按钮，拖曳滑块，适当调大笔刷，如图 2-23 所示。

图 2-22　上传一张原图

图 2-23　适当调大笔刷

03 涂抹人物的脸部，创建相应的蒙版区域，如图 2-24 所示。

04 在页面下方设置“采样方法”为 DPM++ 2M Karras，用于创建类似真人的脸部效果，如图 2-25 所示。

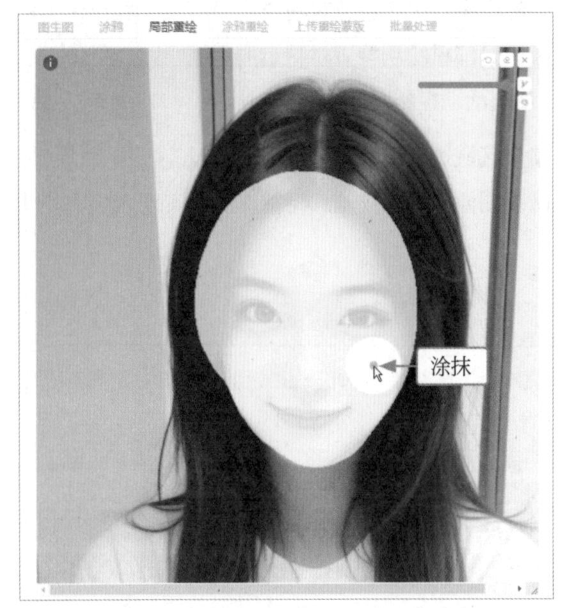

图 2-24 创建相应的蒙版区域

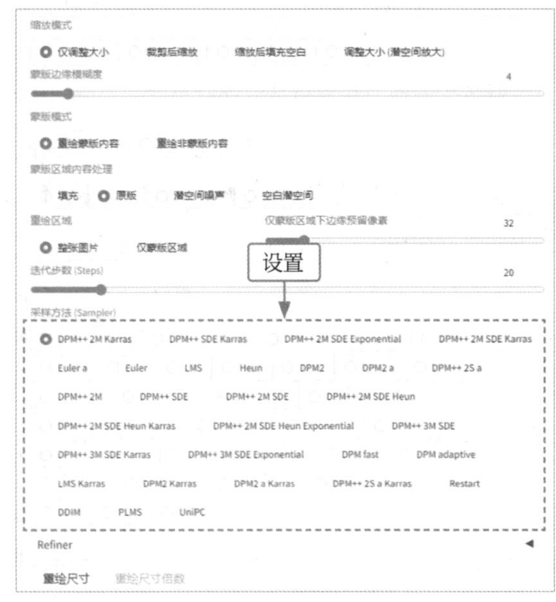

图 2-25 设置参数

05 单击“生成”按钮，即可生成相应的新图，可以看到人物脸部出现了较大的变化，而其他部分则保持不变。原图与效果对比，如图 2-26 所示。

图 2-26 原图与效果对比

专家提醒

蒙版边缘模糊度用于控制蒙版边缘的模糊程度，作用与 Photoshop 中的羽化功能类似。较小的蒙版边缘模糊度值会使蒙版边缘更加清晰，从而更好地保留重绘部分的细节和边缘；而较大的蒙版边缘模糊度值则会使边缘变得更加模糊，从而使重绘部分更好地融入图像整体，达到更加平滑、自然的重绘效果。图像效果对比，如图 2-27 所示。

蒙版边缘模糊度 1

蒙版边缘模糊度 10

蒙版边缘模糊度 20

蒙版边缘模糊度 30

蒙版边缘模糊度 40

蒙版边缘模糊度 50

图 2-27　不同的蒙版边缘模糊度值生成的图像效果对比

蒙版边缘模糊度的作用，在于更好地融合重绘部分与原始图像之间的过渡区域。通过调整蒙版边缘模糊度参数，可以改变蒙版边缘的软硬程度，使重绘的图像部分能够更自然地融入原始图像中，避免图像中出现过于突兀的变化。

2.2.3　使用涂鸦重绘功能绘图

涂鸦重绘功能其实就是“涂鸦”功能与“局部重绘”功能的结合，它解决了用户在不改变整张图片的情况下，更精准地对多个元素进行修改的问题。

扫码看视频

下面介绍使用涂鸦重绘功能绘图的操作方法。

01 进入“图生图”页面，切换至“涂鸦重绘”选项卡，上传一张原图，如图 2-28 所示。

02 将笔刷颜色设置为深蓝色 (RGB 参数值分别为 9、30、93)，在图中领带处进行涂抹，创建一个蒙版，如图 2-29 所示。

图 2-28 上传一张原图

图 2-29 创建一个蒙版

03 选择一个写实类的大模型，输入提示词 A dark blue plaid tie(深蓝色格子领带)，用于指定蒙版区域的重绘内容，如图 2-30 所示。

图 2-30 输入提示词

04 在页面下方单击 ◣ 按钮，自动设置宽度和高度参数，将重绘尺寸调整为与原图一致，设置“重绘区域”为“仅蒙版区域”，“采样方法”为 DPM++ 2M Karras，其他选项保持默认即可，如图 2-31 所示。注意，选中“仅蒙版区域”单选按钮时，可以让 AI 只绘制蒙版中的区域，但可能会产生重影。

05 单击“生成”按钮，即可生成相应的新图，并将领带的颜色修改为深蓝色，图像其他部分则保持不变。原图与效果对比，如图 2-32 所示。

图 2-31　设置参数

图 2-32　原图与效果对比

专家提醒

在“涂鸦重绘”选项卡的生成参数区域中，有一个“蒙版透明度”选项，主要用于控制重绘图像的透明度。例如，将天空涂抹为金黄色，设置不同的蒙版透明度值，生成的图像效果对比如图 2-33 所示。

蒙版透明度 0

蒙版透明度 50

蒙版透明度 100

图 2-33　不同蒙版透明度值生成的图像效果对比

从图 2-33 中的对比可以看到，随着蒙版透明度值的增加，蒙版中的图像越来越透明，当蒙版透明度值达到 100 时，重绘的图像就变得完全透明了。

“蒙版透明度”选项的作用主要有两个：第一，它可以当作一个颜色滤镜，调整画面的色调氛围；第二，可以为图像进行局部上色处理，如给人物的头发上色，蒙版与效果如图 2-34 所示。

图 2-34　给人物的头发上色

2.2.4 使用上传重绘蒙版功能绘图

Stable Diffusion 开发了一个上传重绘蒙版功能，用户可以手动上传一个黑白图片当作蒙版进行重绘。

专家提醒

需要注意的是，上传的蒙版必须是黑白图片，不能带有透明通道。如果用户上传的是带有透明通道的蒙版，那么重绘的地方会呈现方形区域，无法与重绘的区域完全贴合。

下面介绍使用上传重绘蒙版功能绘图的操作方法。

01 进入“图生图”页面，切换至“上传重绘蒙版”选项卡，分别上传原图和蒙版，如图 2-35 所示。

02 在页面下方的“蒙版模式”选项区中，选中“重绘蒙版内容”单选按钮，其他设置如图 2-36 所示。注意，上传重绘蒙版与局部重绘功能不同，上传蒙版中的白色代表重绘区域，黑色代表保持原样，因此这里一定要选中“重绘蒙版内容”单选按钮。

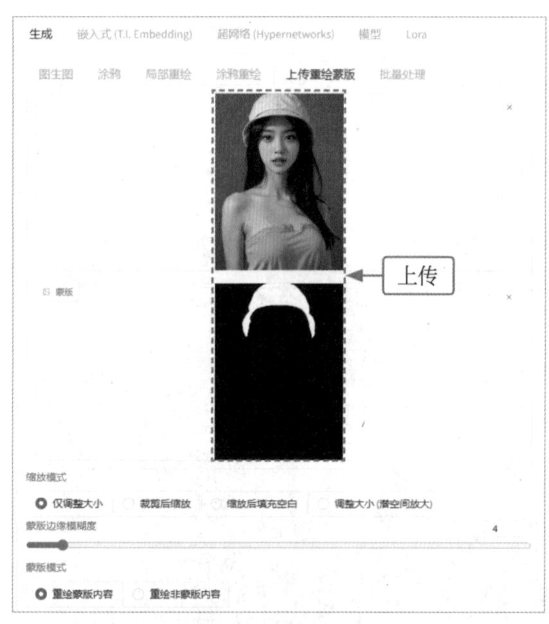

图 2-35 上传原图和蒙版

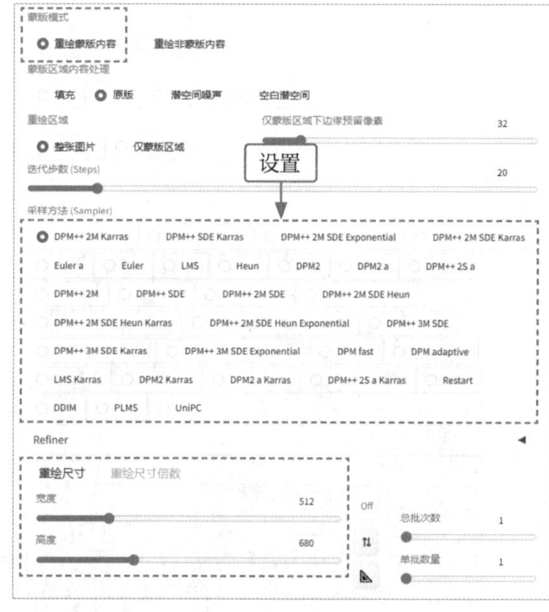

图 2-36 设置参数

03 选择一个写实类的大模型，输入提示词 blue hat(蓝色帽子)，如图 2-37 所示。

图 2-37　输入提示词

04　单击“生成”按钮，即可生成相应的新图，并将帽子的颜色改为蓝色。原图与效果对比，如图 2-38 所示。

图 2-38　原图与效果对比

2.2.5　使用批量处理功能绘图

批量处理就是同时处理多张上传的蒙版并重绘图像，用户需要先设置好输入目录、输出目录等路径，如图 2-39 所示。批量处理的原理与上传重绘蒙版功能基本相同，这里不再赘述其操作过程。

图 2-39 批量处理的基本设置方法

需要注意的是，输入目录、输出目录等路径中不要携带任何中文或者特殊字符，否则 Stable Diffusion 会出现报错的情况，并且所有原图和蒙版的文件名称需一致，相关示例如图 2-40 所示。当用户设置好参数后，即可一次性重绘多张图片，这样能够极大地提升局部重绘的效率。

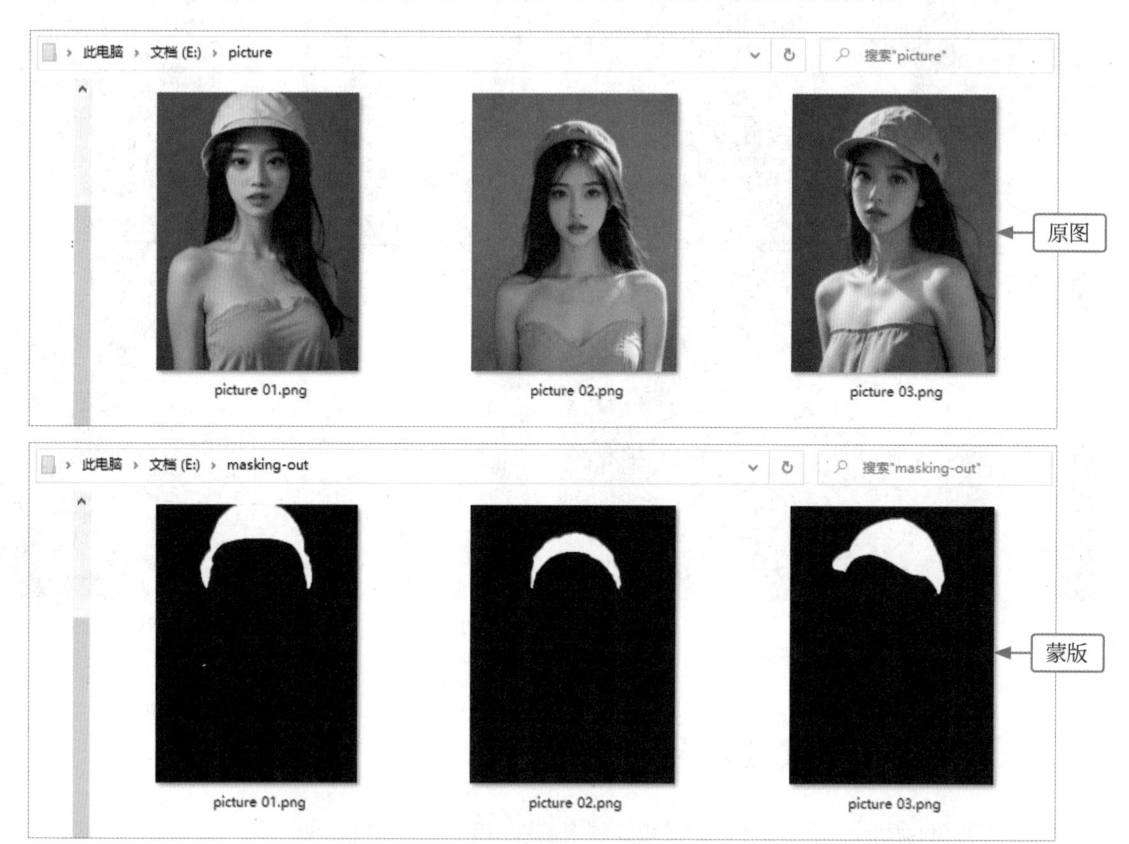

图 2-40 原图和蒙版的路径与文件名称设置示例

第3章 提示词的基本用法

使用 Stable Diffusion 的文生图或图生图功能进行 AI 绘画时，可以通过给定一些提示词或上下文信息，生成与这些描述信息相关的图像效果。通过不断尝试新的提示词组合和使用不同的参数设置，可以探索新的创意方向。

3.1 提示词的使用技巧

Stable Diffusion 中的提示词也称为 tag（标签），它是一种文本内容，用于指导生成图像的方向和画面内容。提示词可以是关键词、短语或句子，用于描述所需的图像样式、主题、风格、颜色、纹理等。用户通过提供清晰的提示词，可以使 Stable Diffusion 模型生成更符合需求的图像效果。

3.1.1 提示词的书写公式

Stable Diffusion 的提示词输入框分为正向提示词和反向提示词两部分，上面为正向提示词 (Prompt) 输入框，下面为反向提示词 (Negative prompt) 输入框，如图 3-1 所示。

图 3-1 提示词输入框

虽然提示词看起来密密麻麻的一大片，但实际上都逃不开一个简单的书写公式，即"画面质量＋画面风格＋画面主体＋画面场景＋其他元素"，对应的说明如下。

(1) 画面质量：通常为起手通用提示词。

(2) 画面风格：包括绘画风格、构图方式等。

(3) 画面主体：包括人物、物体等细节描述。

(4) 画面场景：包括环境、点缀元素等细节描述。

(5) 其他元素：包括视角、特色、光线等。

3.1.2 使用正向提示词绘图

Stable Diffusion 中的正向提示词，是指能够引导模型生成符合用户需求的结果的提示词，这些提示词可以描述所需的全部图像信息。

扫码看视频

正向提示词可以是各种内容，以提高图像质量，如 masterpiece（杰作）、best quality（最佳质量）、extremely detailed face（极其细致的面部）等。这些提示词可以根据用户的需求和目标来定制，以生成更高质量的图像。

下面介绍使用正向提示词绘图的操作方法。

01 进入 Stable Diffusion 的“文生图”页面，根据前面介绍的书写公式输入相应的正向提示词，如图 3-2 所示。注意，按回车键换行并不会影响提示词的效果。

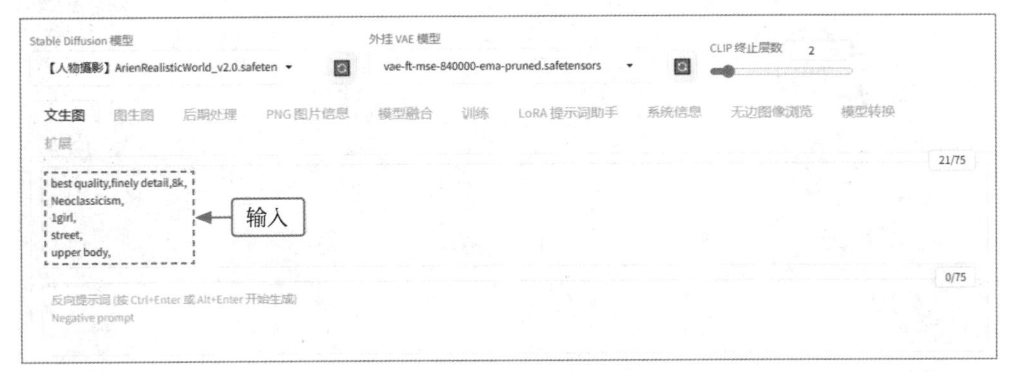

图 3-2　输入正向提示词

专家提醒

在书写正向提示词时，需要注意以下几点。

- 具体、清晰地描述所需的图像内容，避免使用模糊、抽象的词汇。
- 根据需要使用多个关键词组合，以覆盖更广泛的图像内容。
- 考虑使用正向提示词的同时，可以添加一些修饰语或额外的信息，以增强提示词的引导效果。

02 在页面下方，设置“采样方法”为 DPM++ 2M Karras、“宽度”为 512、“高度”为 680、“总批次数”为 2，对生成参数进行适当调整，改变生成图像的质量和分辨率，如图 3-3 所示。

图 3-3　设置参数

03 单击“生成”按钮，即可生成与提示词描述相对应的图像，但背景有些模糊，整体质量不佳，效果如图 3-4 所示。

图 3-4 效果展示

专家提醒

需要注意的是，Stable Diffusion 生成的图像结果可能受到多种因素的影响，包括输入的提示词、模型本身的性能和训练数据等。因此，有时候即便使用了正确的正向提示词，也可能会生成不符合预期的图像。

3.1.3 使用反向提示词绘图

Stable Diffusion 中的反向提示词，用来描述不希望在所生成图像中出现的特征或元素。反向提示词可以帮助模型排除某些特定的内容或特征，从而使生成的图像更加符合用户的需求。

扫码看视频

专家提醒

反向提示词的使用，可以避免生成不必要的内容或特征。需要注意的是，反向提示词可能会对生成的图像产生一定的限制，因此用户需要根据具体需求进行权衡和调整。

下面介绍使用反向提示词绘图的操作方法。

01 在“文生图”页面中，输入反向提示词，如图 3-5 所示。

图 3-5　输入反向提示词

02 单击“生成”按钮，对图像进行优化和调整，使画面产生浅景深风格的摄影感，让人物主体更加突出，效果如图 3-6 所示。在生成与提示词描述相对应的图像的同时，画面质量也会更好一些。

图 3-6　效果展示

3.1.4　调用预设提示词绘图

如果用户在绘图过程中，对书写的提示词比较满意，就可以将其保存下来，便于下次出图时能够快速调用预设提示词，提升出图效率。

扫码看视频

下面介绍调用预设提示词绘图的操作方法。

01 在“文生图”页面中的“生成”按钮下方，单击“编辑预设样式”按钮 ，如图 3-7 所示。

图 3-7 单击“编辑预设样式”按钮

专家提醒

当前的 AI 工具都是基于底层大模型进行工作的，提示词实际上是对这个大模型的深入挖掘和调整，可以将其简单地理解为连接人类和 AI 的桥梁，因为模型反馈结果的质量很大程度上取决于用户提供信息的数量。目前，底层大模型的训练不够充分，为了解决这个问题，许多企业设立了提示工程师职位，在人工智能领域也开设了提示工程学科。

02 执行操作后，弹出“预设样式”对话框，输入预设样式的名称和提示词，单击“保存”按钮，如图 3-8 所示。

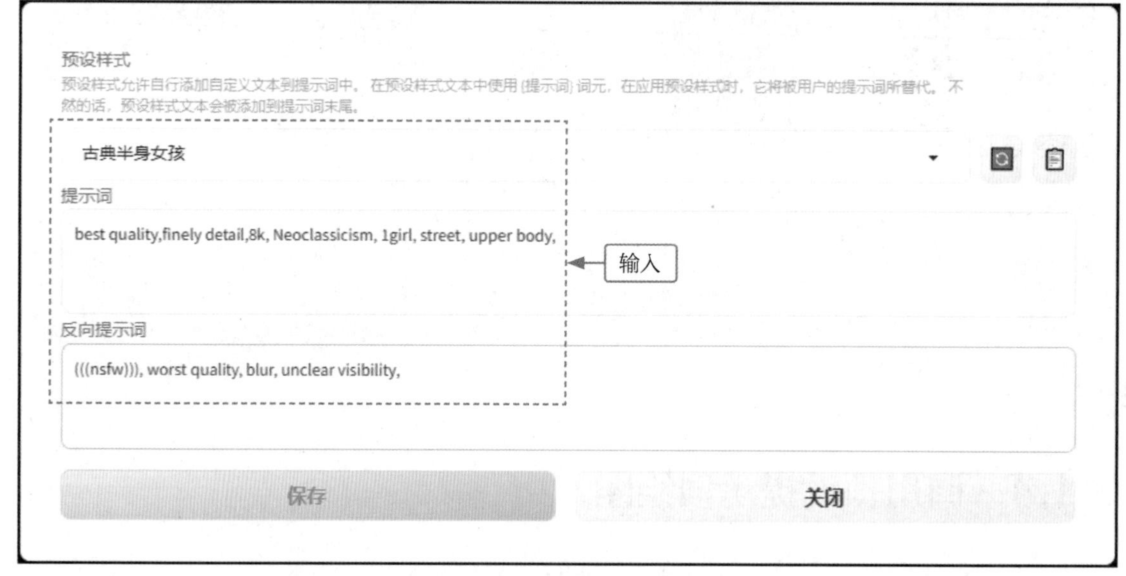

图 3-8 输入预设样式的名称和提示词

03 根据提示词的内容适当调整生成参数，在“预设样式”列表框中选择前面创建的预设样式，如图 3-9 所示。

图 3-9 选择前面创建的预设样式

04 此时，用户不需要再录入任何提示词，直接单击“生成”按钮，Stable Diffusion 会自动调用该预设样式中的提示词，并快速生成相应的图像，效果如图 3-10 所示。

图 3-10 效果展示

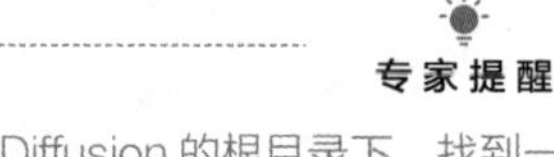

专家提醒

用户可以进入安装 Stable Diffusion 的根目录下，找到一个名为 styles.csv 的数据文件，打开该文件后即可编辑预设样式中的提示词内容，如图 3-11 所示。修改提示词后，单击保存按钮，即可自动同步应用到 Stable Diffusion 的预设样式中。

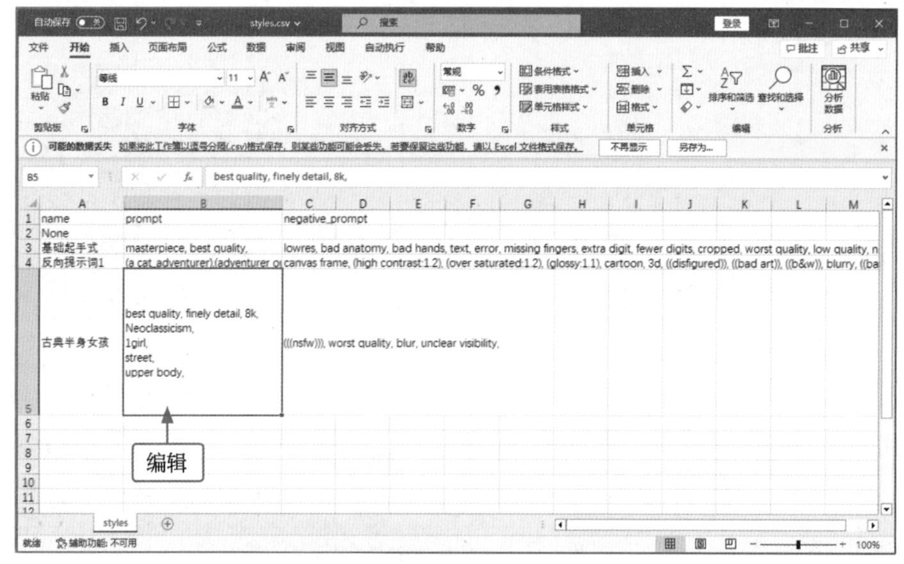

图 3-11　编辑预设样式中的提示词内容

3.2　提示词的语法格式

Stable　Diffusion 中的提示词可以使用自然语言和用逗号隔开的单词来书写，具有很大的灵活性和可变性，用户可以根据需求对提示词进行更加复杂的组合和应用。

3.2.1　掌握权重语法格式

提示词权重用于控制生成图像中相应提示词的影响程度，数值越大，提示词对生成图像的影响则越大。

提示词的权重具有先后顺序，越靠前的提示词，影响程度越大，所以通常应先描述整体画风，再描述局部画面，最后控制光影效果。然而，如果不对提示词中的个别元素进行控制，只是简单地堆砌提示词，则权重效果并不明显。因此，用户需要使用语法来更加精细地控制图像的输出结果，具体方法有以下两种。

1. 加权：增强提示词权重

使用小括号 ()，可以将括号内的提示词权重提升 1.1 倍，同时可以通过嵌套的方式进一步加权。例如，(blonde hair) 代表提示词“金色头发”提升 1.1 倍权重，((blonde hair)) 则代表该提示词提升 1.1×1.1=1.21 倍权重，以此类推。

如果用户觉得小括号太多了比较麻烦，也可以使用 (blonde hair: 1.5) 这样的方式来控制权重，代表该提示词提升 1.5 倍权重。

另外，使用大括号 {}，可以将括号内的提示词权重提升 1.05 倍，同样可以通过嵌套实现复数加权。但它与小括号不同，不支持 {blonde hair: 1.5} 这样的写法。在实践中，大括号使用得比较少，小括号则更为常见，因为它调整起来更加方便。

2. 降权：减弱提示词权重

使用中括号 []，可以将括号内的元素权重除以 1.1，相当于降低到约 0.9 的权重。降权的语法同样支持多层嵌套，但与大括号类似，也不支持 [blonde hair: 0.9] 这样的写法。在实践应用中，如果用户想方便地调整提示词，使用小括号内加数字会更便捷一些。

在 Stable Diffusion 中最好使用英文提示词，因为它无法很好地理解中文字符。因此，用户在输入提示词时，务必确保全程使用英文输入法。

值得一提的是，用户无须严格遵循英语语法结构，只需以关键词组的形式分段输入提示词，并使用英文逗号和空格分隔词组。为了提高提示词的可读性，用户可以直接将不同部分的提示词进行断行。除了特定语法外，大部分情况下字母大小写和断行不会对画面内容产生影响。

3.2.2 掌握混合语法格式

Stable Diffusion 提示词的混合语法是指将不同的提示词以特定的方式组合在一起，以实现更复杂的图像效果。混合语法的格式为 A AND B，即用 AND 将提示词 A 和 B 连接起来，注意 AND 必须为大写。

扫码看视频

另外，用户可以使用“|”符号来代替 AND，表示逻辑或操作，即两个元素会交替出现，达到融合的效果。

例如，要实现黄色头发和绿色头发的渐变效果，可以写成 yellow hair AND green hair，也可以写成 yellow hair | green hair。Stable Diffusion 在处理这两个标签时，会按照画一步黄色头发，再画一步绿色头发的方式循环进行绘制。下面介绍使用提示词的混合语法生成人物的黄绿混合发色的操作方法。

01　进入“文生图”页面，适当调整生成参数，并输入正向提示词，使用混合语法来控制人物头发的颜色，如图 3-12 所示。

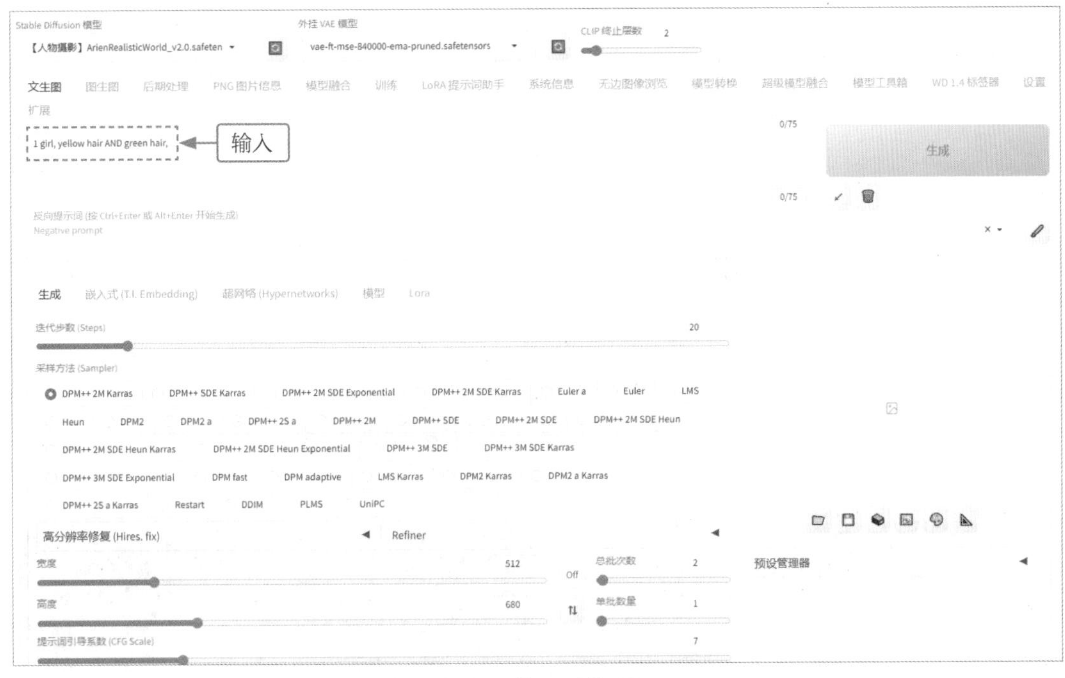

图 3-12　输入正向提示词

02　单击“生成”按钮，即可生成人物的黄色和绿色混合的发色效果，如图 3-13 所示。

图 3-13　生成人物的黄色和绿色混合的发色效果

03 如果我们希望图中人物的发色中黄色多一些，绿色少一些，可以给出相应提示词增加权重，对提示词进行修改，如图 3-14 所示。

图 3-14　修改提示词

04 再次单击“生成”按钮，生成相应的图像，可以看到头发中的黄色变得更明显，而绿色则相对少了一些，效果如图 3-15 所示。

图 3-15　效果展示

专家提醒

混合语法也支持加权，如 (yellow hair: 1.3) | (green hair: 1.2)，其中的竖杠符号表示元素融合，无须考虑两个元素之间的权重之和是否等于 100%。

3.2.3 掌握渐变语法格式

渐变语法使用“:”符号，可以按照指定的权重融合两个元素，常用的书写格式有以下 3 种。

- 第 1 种格式为 [from:to:when]。例如，提示词为 [yellow:green:0.6]　hair，表示前面 60% 的步骤画黄色头发，后面 40% 的步骤画绿色头发，这样生成的结果应该是黄绿渐变的发色，且绿色会不太明显，效果如图 3-16 所示。

图 3-16　黄绿渐变的发色效果

- 第 2 种格式为 [to:when]。例如，提示词为 [yellow　hair:0.2]，表示后面 20% 的步骤再画黄色头发，前面 80% 的步骤不画。
- 第 3 种格式为 [from::when]。例如，提示词为 [yellow　hair::0.2]，表示前面 20% 的步骤画黄色头发，后面 80% 的步骤不画。

专家提醒

when 小于 1 的时候，表示迭代步数（参与总步骤数）的百分比；when 大于 1 的时候，则表示在前多少步时作为 A 渲染，之后则作为 B 渲染。

需要注意的是，提示词的权重总和建议设置为 100%，如果超过 100%，可能会出现 AI 失控的情况。

3.2.4 掌握交替验算语法格式

用户可以在多个提示词中间加竖杠符号“|”，实现提示词的交替验算。例如，采用这种提示词语法格式可以生成猫和狗的混合生物。

扫码看视频

下面介绍使用交替验算语法格式绘图的操作方法。

01 进入“文生图”页面，选择一个综合类的大模型，对生成参数进行适当调整，输入正向提示词，表示使用交替验算语法来循环绘制提示词中描述的两种元素，如图 3-17 所示。

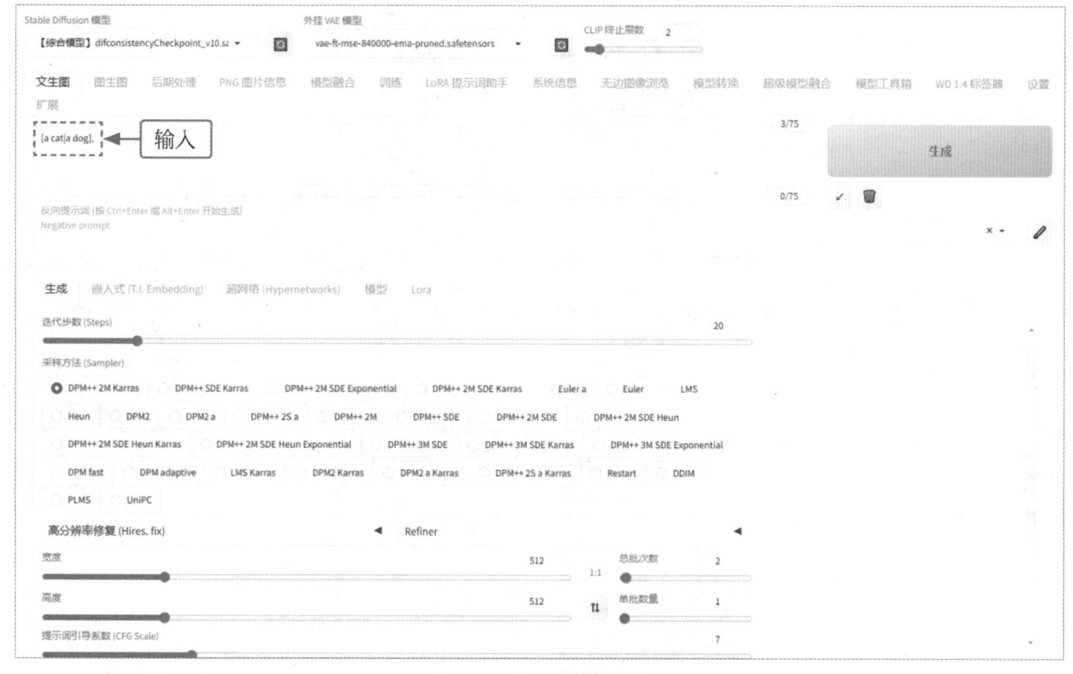

图 3-17 输入正向提示词

02 单击“生成”按钮，即可生成猫和狗的混合生物，效果如图 3-18 所示。

图 3-18 效果展示

专家提醒

在提示词输入框中，使用鼠标框选相应的提示词，按住【Ctrl】键的同时，按【↑】或【↓】方向键，可以快速增加或减弱该提示词的权重。

3.2.5 使用提示词矩阵

扫码看视频

在某些情况下，模型在利用一些特定提示词时表现非常出色，然而在更换模型后，这些提示词可能就无法再使用了。但在删除某些看似无用的提示词后，图像的呈现效果可能会变得异常。

此时，我们可以使用提示词矩阵来深入探究其原因。提示词矩阵用于比较不同提示词交替使用时对于所绘制图片的影响，多个提示词以“|”符号作为分割点。在提示词矩阵中，最前面的提示词会被用在每一张图上，而后面被“|”符号分割的两个提示词，则会被当成矩阵提示词，交错添加在最终生成的图像中。

下面介绍使用提示词矩阵的操作方法。

01 进入“文生图”页面，输入正向提示词，如图 3-19 所示。

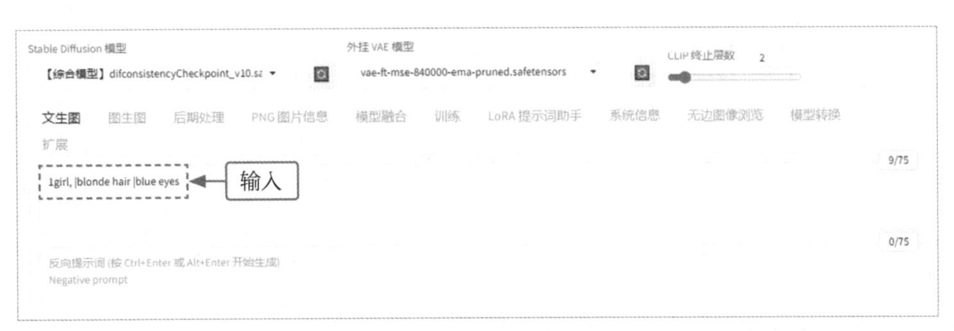

图 3-19　输入正向提示词

02 适当调整生成参数，单击“生成”按钮，生成一张图片，复制其 Seed 值并固定随机数种子，如图 3-20 所示。

03 在页面下方的“脚本”列表框中，选择“Prompt matrix(提示词矩阵)”选项，启用该功能，如图 3-21 所示。

04 单击“生成”按钮，即可生成提示词矩阵对比图，效果如图 3-22 所示。可以看到，不同提示词组合下生成的图像效果对比，第 1 行第 1 列的图像，是没有添加额外提示词的生成效果；第 1 行第 2 列的图像，是添加了“blonde hair(金发)”提示词的生成效果；第 2 行第 1 列的图像，是添加了“blue eyes(蓝色眼睛)”提示词的生成效果；第 2 行第 2 列的图像，是同时添加了全部提示词的生成效果。这样用户就能很清楚地看到各种提示词交互叠加起来的生成效果，从而快速找到最佳的提示词组合。

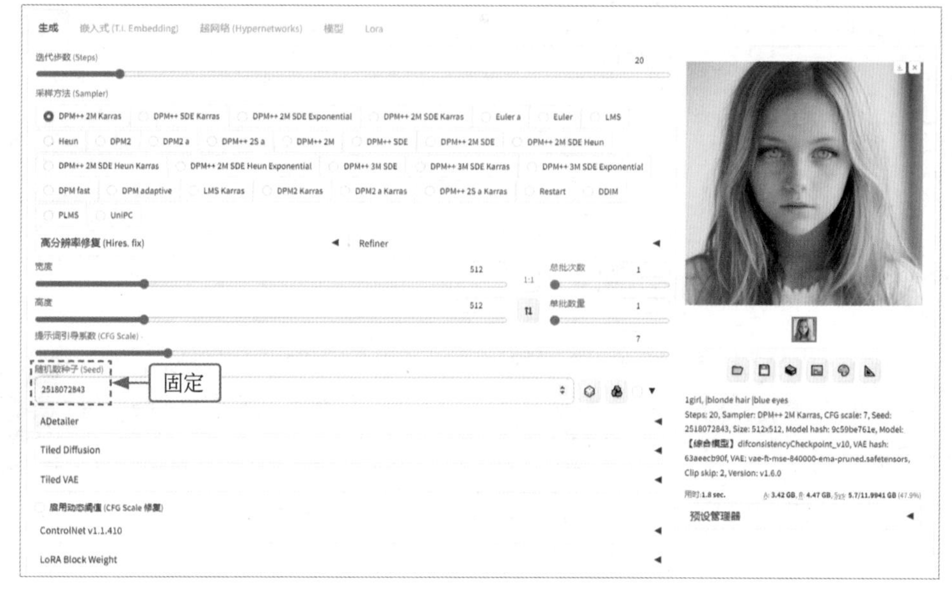

图 3-20　固定随机数种子

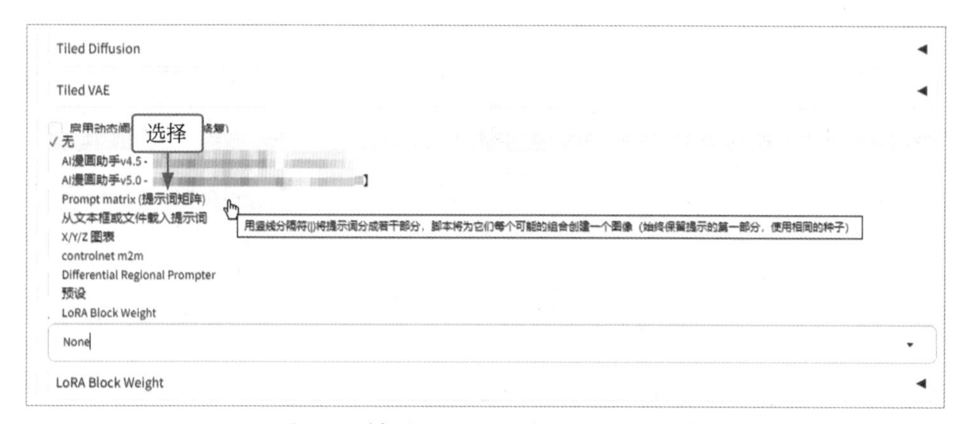

图 3-21　选择“Prompt matrix(提示词矩阵)”选项

图 3-22　效果展示

3.3 提示词的反推方法

在 AI 绘画的过程中，我们常常会遇到这种情况：其他人创作了一张惊艳的图片，但无论我们如何按照他提供的模型和提示词进行尝试，都无法成功复制图片。有时，图片中甚至没有提供任何提示词，让我们难以描述该画面。

面对这种情况时，我们可以反推这张图片的提示词。反推提示词是 Stable Diffusion 图生图中的功能之一，基本逻辑是通过上传的图片，使用反推提示词或自主输入提示词，基于所选的模型生成相似风格的图片。本节将详细介绍提示词的反推技巧，帮助大家快速画出相似风格的图片。

3.3.1 使用CLIP反推提示词

CLIP 反推提示词是根据用户在图生图中上传的图片，使用自然语言描述图片信息。整体来看，CLIP 擅长反推自然语言风格的长句子提示词，这种提示词对 AI 的控制力度比较差，但画面内容基本一致，只是风格变换较大。

扫码看视频

下面介绍使用 CLIP 反推提示词的操作方法。

01 进入“图生图”页面，上传一张原图，单击“CLIP 反推”按钮，如图 3-23 所示。

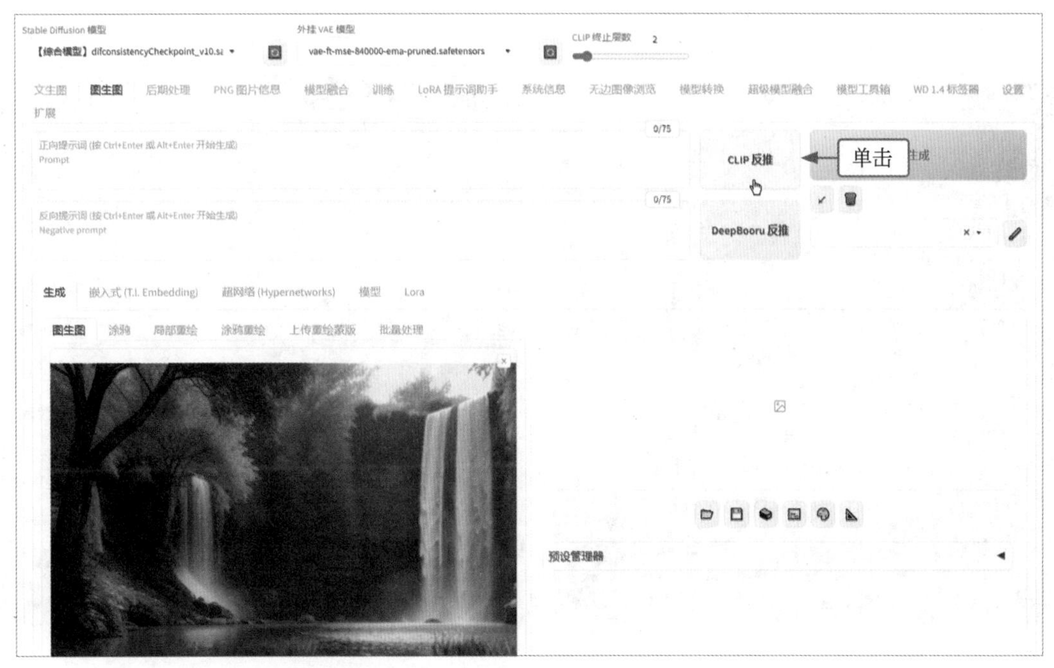

图 3-23　单击“CLIP 反推”按钮

02 稍等片刻（时间较长），即可在正向提示词输入框中反推出原图的提示词，我们可以将提示词复制到“文生图”页面的提示词输入框中，单击“生成”按钮，如图 3-24 所示。

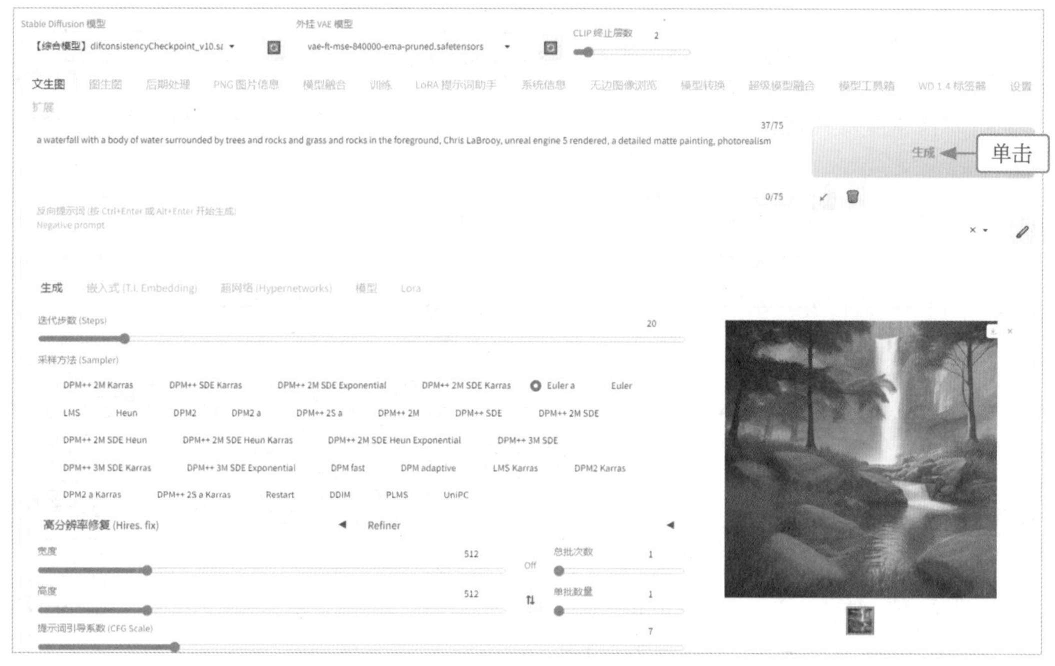

图 3-24　用 CLIP 反推提示词生成的图像效果

03 根据提示词生成的图像基本符合原图的各种元素，但由于模型和生成参数设置的差异，图片还是会有所不同。原图与效果对比，如图 3-25 所示。

图 3-25　原图与效果对比

3.3.2 使用DeepBooru反推提示词

DeepBooru 擅长用单词堆砌的方式反推提示词，反推的提示词相对来说会更加完整，但出图效果有待优化。下面以上一例的素材进行操作，对比 DeepBooru 与 CLIP 两种反推工具的区别。

扫码看视频

下面介绍使用 DeepBooru 反推提示词的操作方法。

01 进入“图生图”页面，上传一张原图，单击“DeepBooru 反推”按钮，反推出原图的提示词，其风格与我们平时使用的提示词相似，都是以多组关键词的形式进行展示，如图 3-26 所示。

图 3-26 使用 DeepBooru 反推提示词

02 将反推的提示词复制到“文生图”页面的提示词输入框中，单击“生成”按钮，效果如图 3-27 所示。根据提示词生成的图像虽然也会丢失信息，但画面质量已经比 CLIP 反推出的提示词生成的图像效果提升了很多。

图 3-27 效果展示

3.3.3　使用Tagger反推提示词

WD 1.4 标签器 (Tagger) 是一款优秀的提示词反推插件，其精准度比 DeepBooru 更高。下面仍然以 3.3.1 小节的素材进行操作，对比 Tagger 与前面两种提示词反推工具的区别。

扫码看视频

下面介绍使用 Tagger 反推提示词的操作方法。

01 进入“WD 1.4 标签器”页面，上传一张原图，Tagger 会自动反推提示词，并显示在右侧的“标签”文本框中，如图 3-28 所示。

图 3-28　显示反推的提示词

02 Tagger 还会对提示词进行分析，单击“发送到文生图”按钮，进入“文生图”页面，自动填入反推出来的提示词，适当调整生成参数，单击“生成”按钮，如图 3-29 所示。

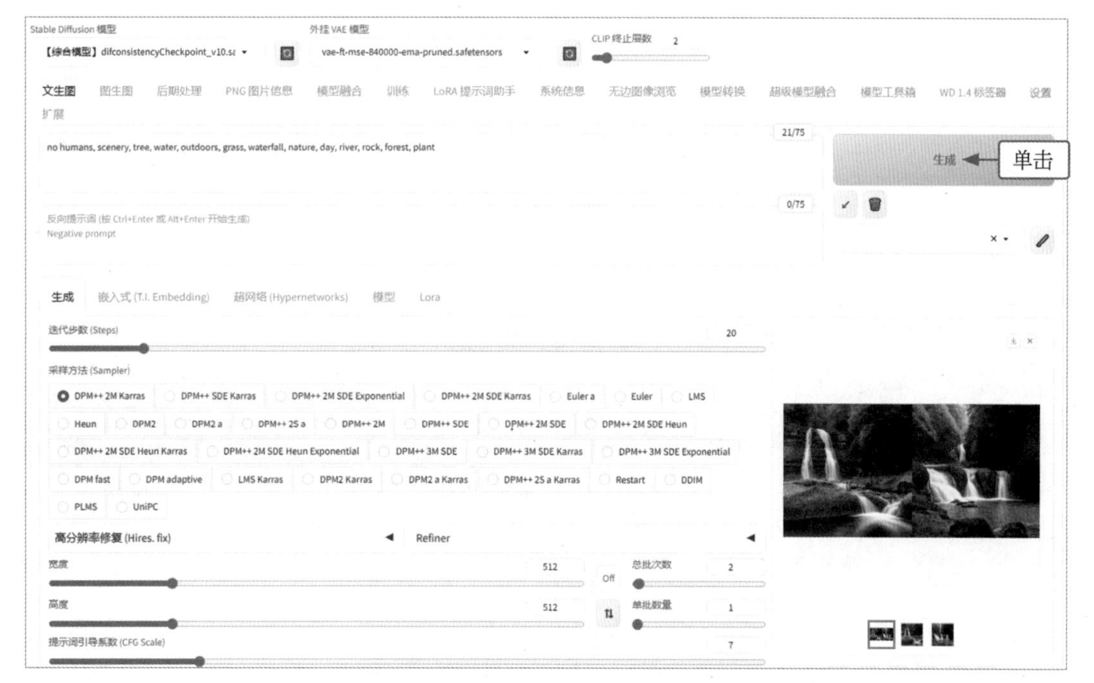

图 3-29　根据 Tagger 反推的提示词生成图像

03 生成的图像整体效果优于前面两种反推工具，效果如图 3-30 所示。

图 3-30 效果展示

专家提醒

使用 Tagger 工具后，应单击下方的“卸载所有反推模型”按钮将其卸载，如图 3-31 所示，否则 Tagger 反推模型会占用很高的显存。

反推

用时:6.7 sec.

A: 2.54 GB, R: 3.08 GB, Sys: 4.4/11.9941 GB (36.3%)

预设

default.json

反推

wd14-vit-v2-git

卸载所有反推模型 单击

阈值 0.35

图 3-31 卸载 Tagger 反推模型

第 4 章 SD 模型出图的技巧

使用 Stable Diffusion 进行 AI 绘画时，用户可以通过选择不同的模型、填写提示词和设置生成参数来绘制想要的图像。本节主要介绍 Stable Diffusion 中的模型使用技巧，帮助用户有效利用模型绘制出精美的图像。

4.1 SD 模型的基础知识

很多用户在安装了 Stable Diffusion 后，就迫不及待地从网上复制一些提示词去生成图像，但生成后却发现图像与预期的效果完全不一样。出现这种问题的原因在于选择的模型不正确，模型是 Stable Diffusion 出图时非常依赖的工具，出图的质量与可控性跟模型有着直接的关系。本节将介绍模型的基础知识，帮助大家快速下载与安装各种模型。

4.1.1 什么是大模型

目前，在 Stable Diffusion 中共有 5 种模型。

- 基础底模型（需单独使用）：Checkpoint。
- 辅助模型（需配合底模型使用）：Embedding、Hypernetwork、Lora。
- 美化模型：VAE。

其中，基础底模型是大模型（又称为主模型或底模），SD 主要是基于它来生成各种图像；辅助模型可以对大模型进行微调（是建立在大模型基础上的，不能单独使用）；美化模型则是更加细节化的处理方式，如优化图片色调或添加滤镜效果等。

Stable Diffusion 中的大模型是指那些经过训练以生成高质量、多样性和创新性图像的深度学习模型，这些模型通常由大型训练数据集和复杂的网络结构组成，能够生成和输入各种风格和类型的图像。

图 4-1 为“Stable Diffusion 模型”列表框，其中显示的是电脑中已经安装好的大模型，用户可以在该列表框中选择想要使用的大模型。

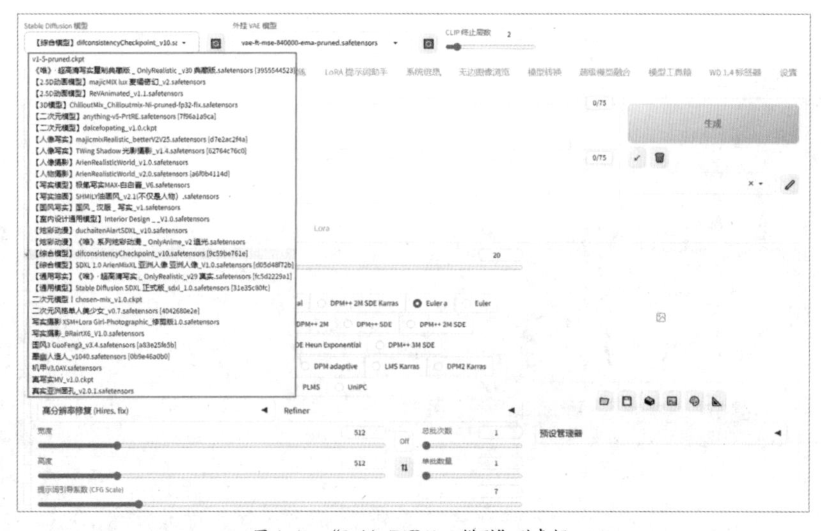

图 4-1　“Stable Diffusion 模型”列表框

用户还可以在“文生图”或“图生图”页面中，在提示词输入框下方切换至“模型”选项卡，也可以查看和选择大模型，如图 4-2 所示。

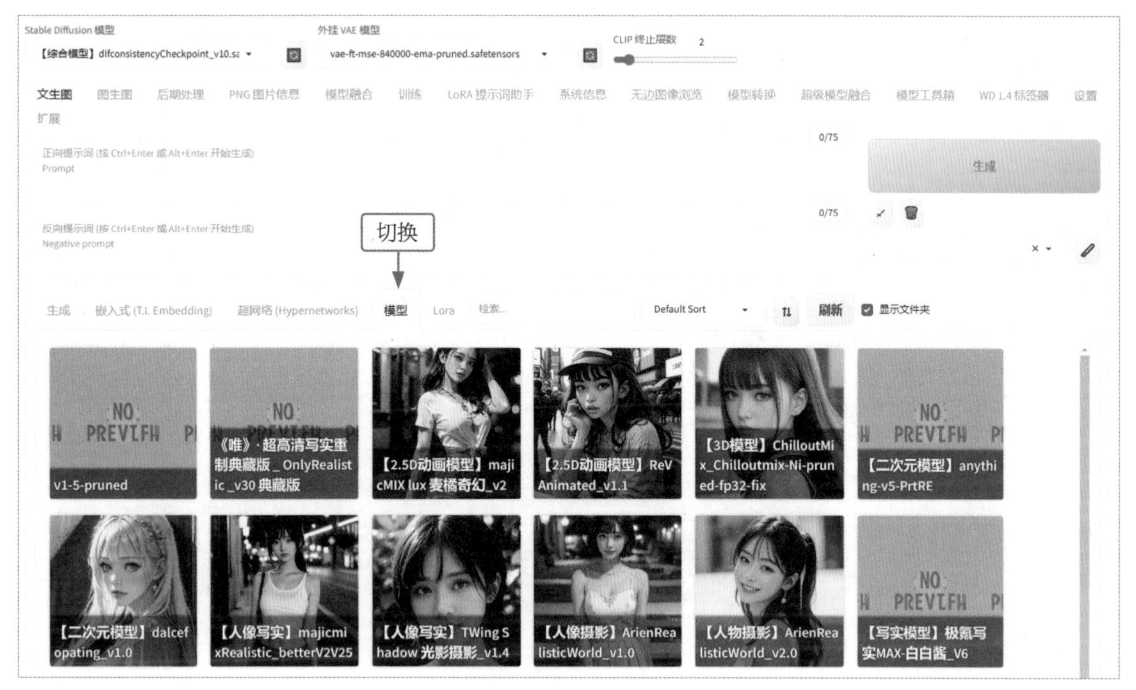

图 4-2　切换至“模型”选项卡

大模型在 Stable Diffusion 中起着至关重要的作用，通过结合大模型的绘画能力，可以生成各种各样的图像。这些大模型还可以通过反推提示词的方式来实现图生图的功能，使得用户可以通过上传图片或输入提示词等方式来生成相似风格的图像。

4.1.2　自动下载并安装模型

通常情况下，当用户完成 Stable Diffusion 的安装后，系统中只包含一个名为 anything-v5-PrtRE.safetensors [7f96a1a9ca] 的大模型，这个大模型主要用于绘制二次元风格的图像。如果用户希望绘制更多的图像类型，则需要安装更多的大模型。

打开“绘世”启动器程序，在主界面左侧单击“模型管理”按钮进入界面，默认进入“Stable Diffusion 模型”选项卡，下面的列表中显示的都是大模型，用户在选择适合的大模型后，单击“下载”按钮，如图 4-3 所示。

执行操作后，即可自动下载相应的大模型，底部会显示下载进度和速度。大模型下载完成后，在“Stable Diffusion 模型”列表框的右侧单击“SD 模型：刷新”按钮，如图 4-4 所示，即可看到安装好的大模型。大模型的后缀通常为 .safetensors 或 .ckpt，同时它的体积较大，一般为 3GB ~ 5GB。

绘世 2.5.4

一键启动 高级选项 疑难解答 版本管理 小工具 交流群 灯泡 设置

模型管理

打开文件夹 刷新列表 添加模型

Stable Diffusion 模型 | 嵌入式 (Embedding) 模型 | 超网络 (Hypernetwork) 模型 | 变分自编码器 (VAE) 模型 | LoRA 模型 (原生)

计算全部新版短哈希 本地 远程 搜索模型...

文件名	模型名	作	主页	旧短哈希	新短哈希	文件大小	创建日期	本地	远程		
AbyssOrangeMix2_sfw.ckpt	AbyssOrangeMix2 SFW	W	http	791d67d4	f75b19923f	7.17 GB			✓	下载	复制链接
bp_mk3.safetensors	BPModel MK3	Ku	http	dc82d7fe	97848d7d80	1.6 GB			✓	下载	复制链接
bp_1024_with_vae_te.ckpt	BPModel 1024 + VAE & TE	Ku	http	47bb3b77	d5d6e1898f	2.14 GB			✓	下载	复制链接
Abyss_7th_layer.ckpt	Abyss + 7th layer	gc		ffa7b160	9b19079318	5.57 GB			✓		复制链接
anything-v4.5-pruned.ckpt	andite/Anything v4.5 剪枝版	ar		65745d25	e4b17ce185	3.97 GB					复制链接
ACertainThing.ckpt	ACertainThing	Jo		26f53cad	866946217b	3.97 GB			✓	下载	复制链接
GuoFeng3.ckpt	国风 v3	小	http	a6956468	74c61c3a52	3.97 GB			✓	下载	复制链接
GuoFeng3_Fix-non-ema-bf16.safetensors	国风 v3.1 BF16 (SafeTensors)	小	http	9986eef2	7fb6b79496	2.37 GB			✓	下载	复制链接
GuoFeng3_Fix.safetensors	国风 v3.1 (SafeTensors)	小	http	67738cbc	8066d6acc6	3.97 GB			✓	下载	复制链接
GuoFeng3_Fix-non-ema-fp16.safetensors	国风 v3.1 半精度 (SafeTensors)	小	http	49bd2aa1	196452ef4c	2.37 GB			✓	下载	复制链接
AbyssOrangeMix.safetensors	AbyssOrangeMix (SafeTensors)	W	http	cc44dbff	6bb3a5a3b1	5.57 GB			✓	下载	复制链接
Anything-V3.0.ckpt	Anything v3.0 原版	9		6569e224	8712e20a5d	7.17 GB			✓	下载	复制链接
ACertainModel.ckpt	ACertainModel	Jo		0ea1c8b4	c40e679337	3.97 GB			✓	下载	复制链接
ACertainModel-half.ckpt	ACertainModel 半精度	Jo		abaf1da6	57ca9c4028	1.99 GB			✓	下载	复制链接
ACertainThing-half.ckpt	ACertainThing 半精度	Jo		27bd26ec	89119208c5	1.99 GB			✓	下载	复制链接

单击

图 4-3 选择并下载大模型

图 4-4 单击“SD 模型：刷新”按钮

4.1.3 手动下载并安装模型

除了通过“绘世”启动器程序下载大模型或其他模型外，用户还可以通过 CIVITAI、LiblibAI 等模型网站下载更多的模型。以 LiblibAI 网站为例，在“模型广场”页面中，可以根据缩略图来选择相应的模型，也可以搜索模型，如图 4-5 所示。

图 4-5　选择模型

执行操作后，进入该模型的详情页面，单击页面右侧的“下载”按钮，如图 4-6 所示，即可下载所选的模型。

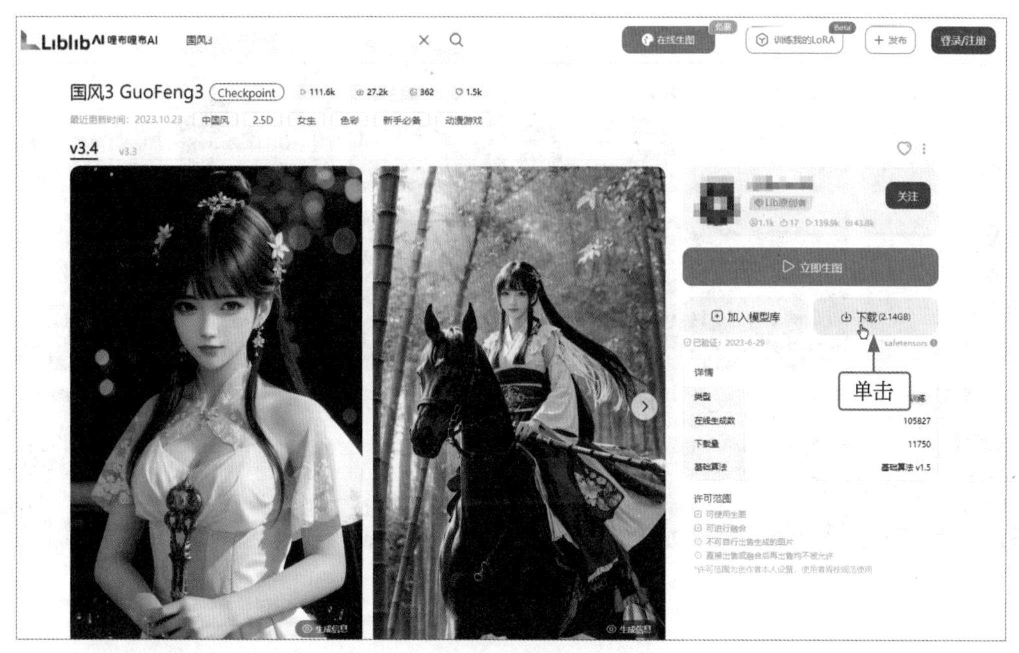

图 4-6　下载模型

下载模型后，用户还需将其放到对应的文件夹中，才能让 Stable Diffusion 识别到这些模型。通常，大模型存放在 sd-webui-aki\sd-webui-aki-v4\models\Stable-diffusion 文件夹中，如图 4-7 所示；Lora 模型则存放在 sd-webui-aki\sd-webui-aki-v4\models\Lora 文件夹中，

如图 4-8 所示。

图 4-7　大模型存放位置

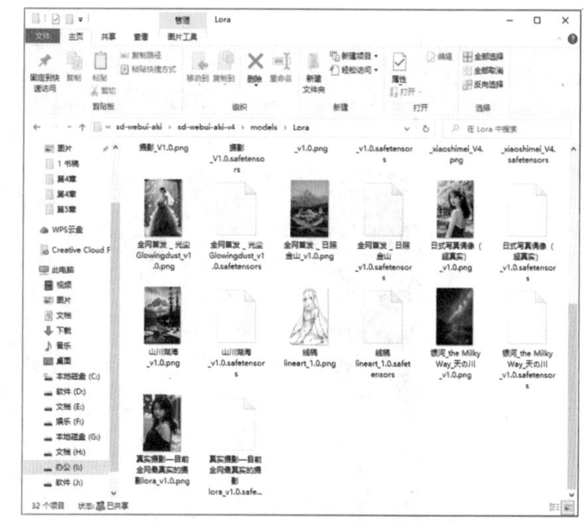

图 4-8　Lora 模型存放位置

专家提醒

用户可以在模型文件夹中对应各模型生成一张效果图，然后将图片名称与模型名称设置为一致，这样在 Stable Diffusion 的“模型”选项卡中即可显示对应的模型缩略图，便于用户更好地选择模型，如图 4-9 所示。

图 4-9　显示模型缩略图

4.1.4　切换不同的大模型

扫码看视频

Stable Diffusion 生成的图像质量好不好，归根结底要看 Checkpoint 好不好。Checkpoint 的中文意思为“检查点”，之所以叫这个名字，是因为在模型训练到关键位置时，会将其存档，类似于玩游戏时保存游戏进度，这样做便于后续的调用和回滚（撤销最近的更新或更改，回到之前的一个版本或状态）操作。

即使是完全相同的提示词，大模型不一样，图像的风格差异也会很大。因此，我们在绘制图像时可尝试切换大模型，并选择合适的大模型。

下面介绍切换大模型的操作方法。

01 进入 Stable Diffusion 的“文生图”页面，在“Stable Diffusion 模型”列表框中默认使用的是一个二次元风格的 anything-v5-PrtRE.safetensors [7f96a1a9ca] 大模型，输入相应提示词，如图 4-10 所示。

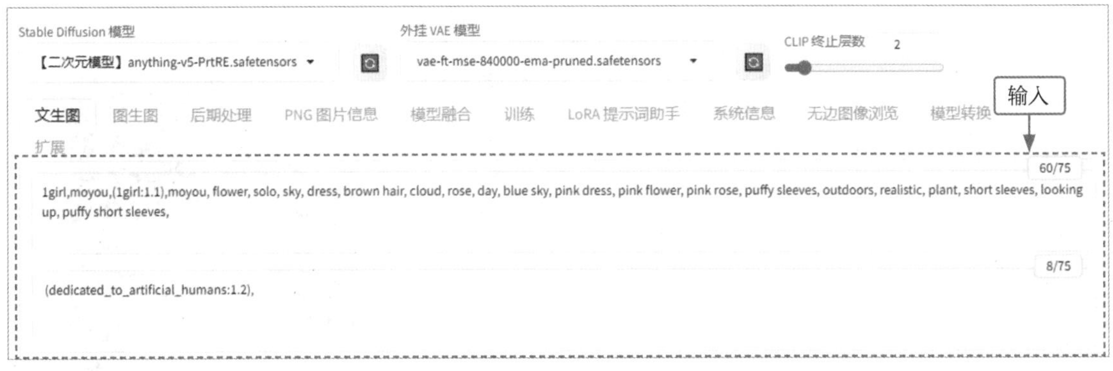

图 4-10　输入提示词

02 适当设置生成参数，单击“生成”按钮，即可生成与提示词描述相对应的图像，但画面偏二次元风格，效果如图 4-11 所示。

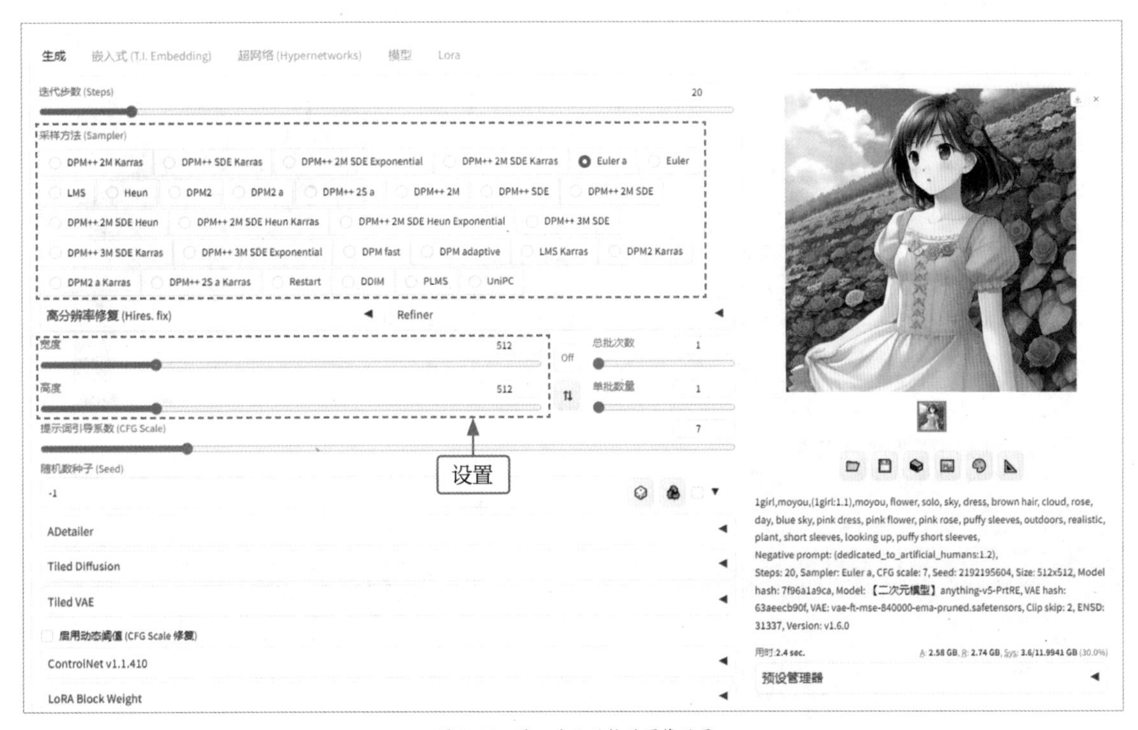

图 4-11　偏二次元风格的图像效果

03 在“Stable Diffusion 模型”列表框中选择一个写实类的大模型，如图 4-12 所示。注意，切换大模型需要等待一定的时间，用户可以进入“控制台”窗口查看大模型的加载时间，加载完成后大模型才能生效。

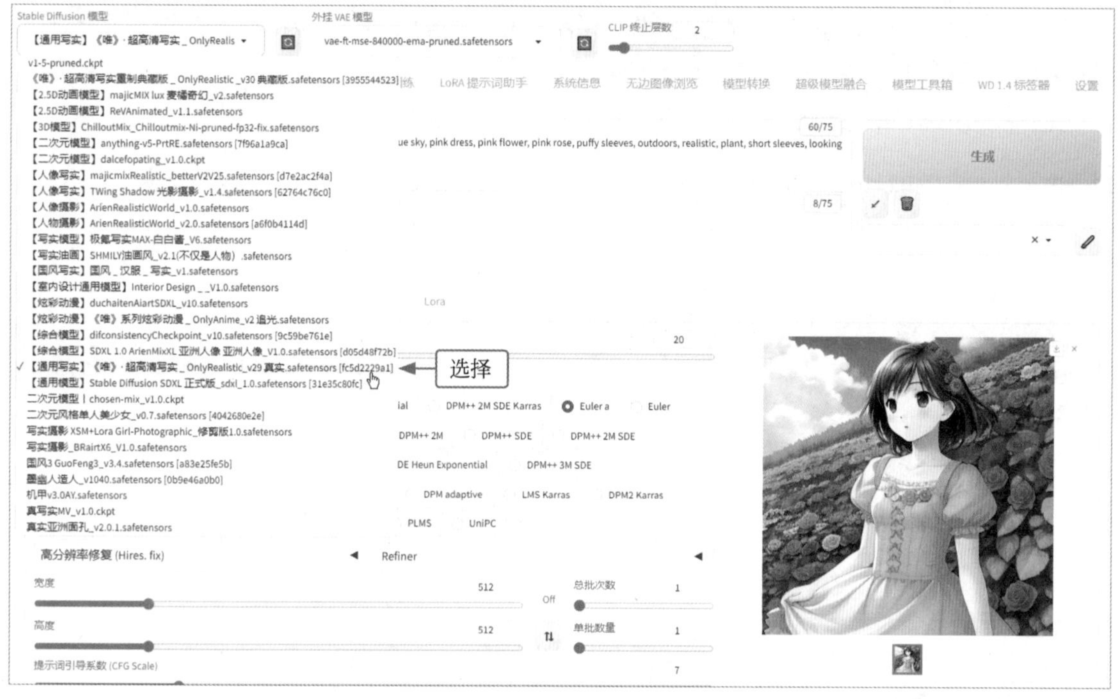

图 4-12 选择一个写实类的大模型

04 大模型加载完成后，设置相应的采样方法，对比如图 4-13 所示。

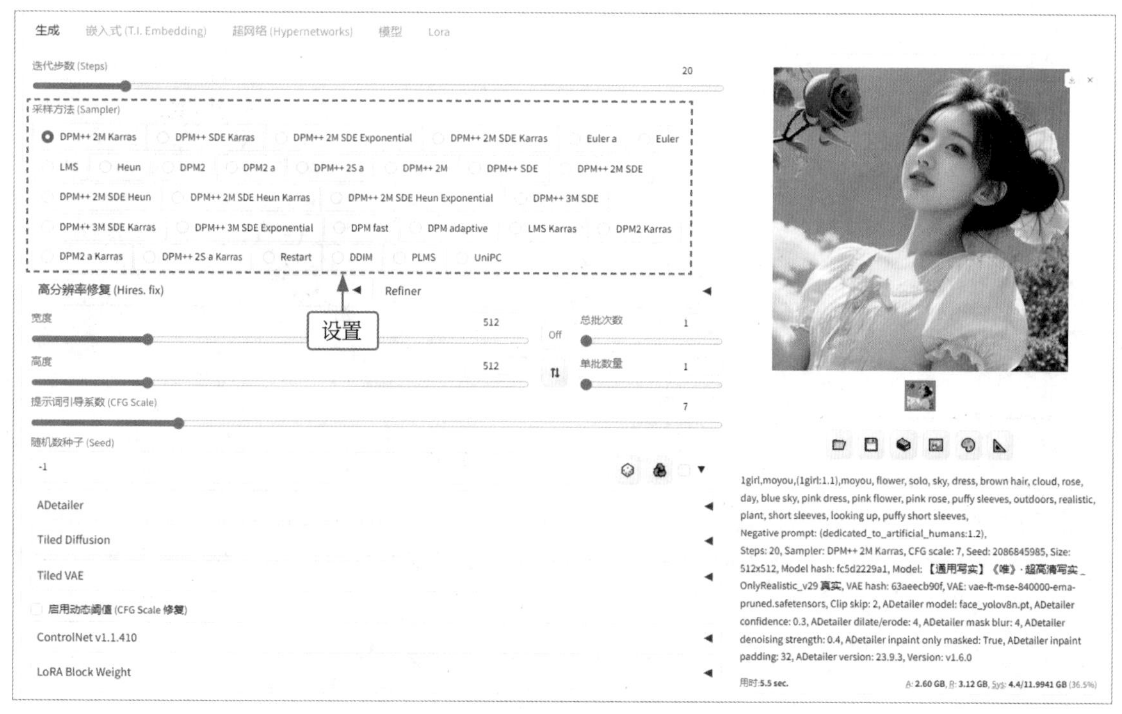

图 4-13 设置采样方法

05　单击“生成”按钮，即可生成写实风格的图像，效果对比如图 4-14 所示。

图 4-14　效果对比

4.1.5　使用Embedding模型

扫码看视频

Embedding 又称为嵌入式向量，它是一种将高维对象映射到低维空间的技术。从形式上来说，Embedding 是一种将对象表示为低维稠密向量的方法，这些对象可以是一个词 (Word2Vec)、一件物品 (Item2Vec)，也可以是网络关系中的某个节点 (Graph Embedding)。

在 Stable Diffusion 模型中，文本编码器的作用是将提示词转换为电脑可以识别的文本向量，而 Embedding 模型的原理则是通过训练将包含特定风格特征的信息映射在其中。这样，在输入相应的提示词时，模型会自动启用这部分文本向量来进行绘制。Embeddings 模型训练过程是针对提示文本部分进行的，因此该训练方法被称为文本倒置。

Embedding 模型的安装方法也很简单，只需将下载的模型放置在 Stable Diffusion 安装目录下 \embeddings 文件夹中即可，如图 4-15 所示。

Embedding 本身并未存储很多信息，而是将所需的元素信息提取出来进行标注。因此，Embedding 的模型文件普遍都非常小，有的大小可能只有几十 KB。

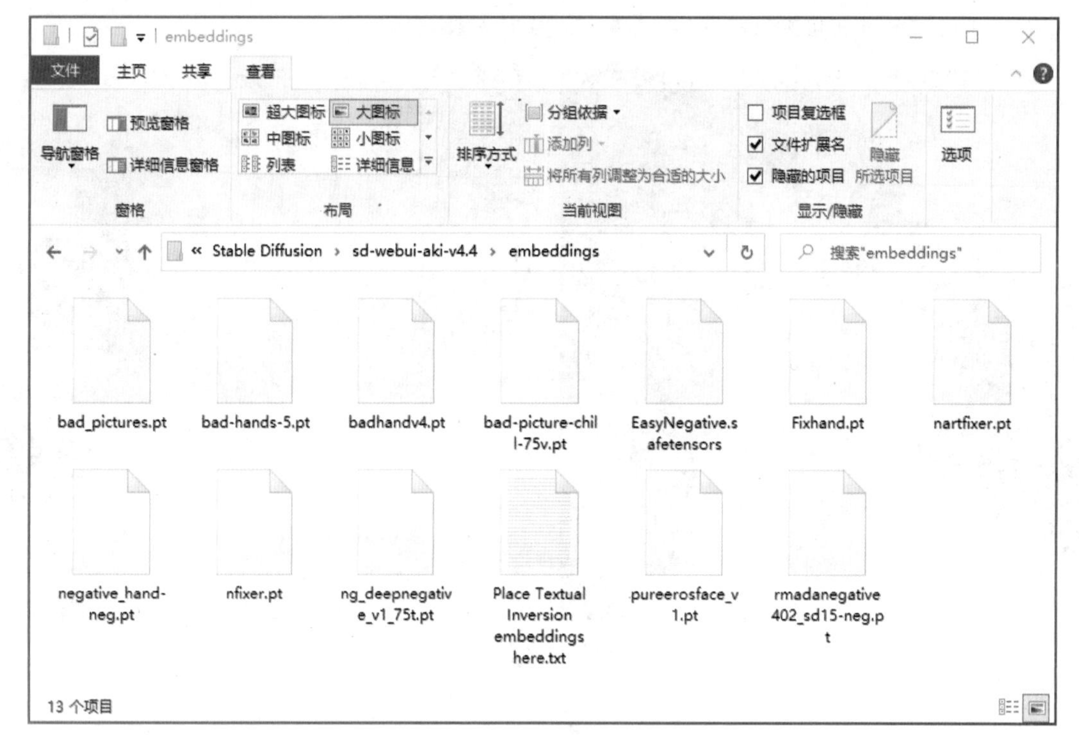

图 4-15 Embedding 模型的安装目录

下面介绍使用 Embedding 模型的操作方法。

01 进入“文生图”页面，选择一个写实类的大模型，输入正向提示词，用于描述画面内容，如图 4-16 所示。

图 4-16 输入正向提示词

02 适当设置生成参数，单击“生成”按钮，即可生成写实风格的图像，这是完全基于大模型绘制的效果，人物的手部出现了明显的瑕疵，如图 4-17 所示。

图 4-17　生成写实风格的图像

03 单击反向提示词输入框，切换至“嵌入式 (T.I. Embedding)”选项卡，在其中选择 EasyNegative 模型，即可将其自动填入反向提示词输入框中，如图 4-18 所示。

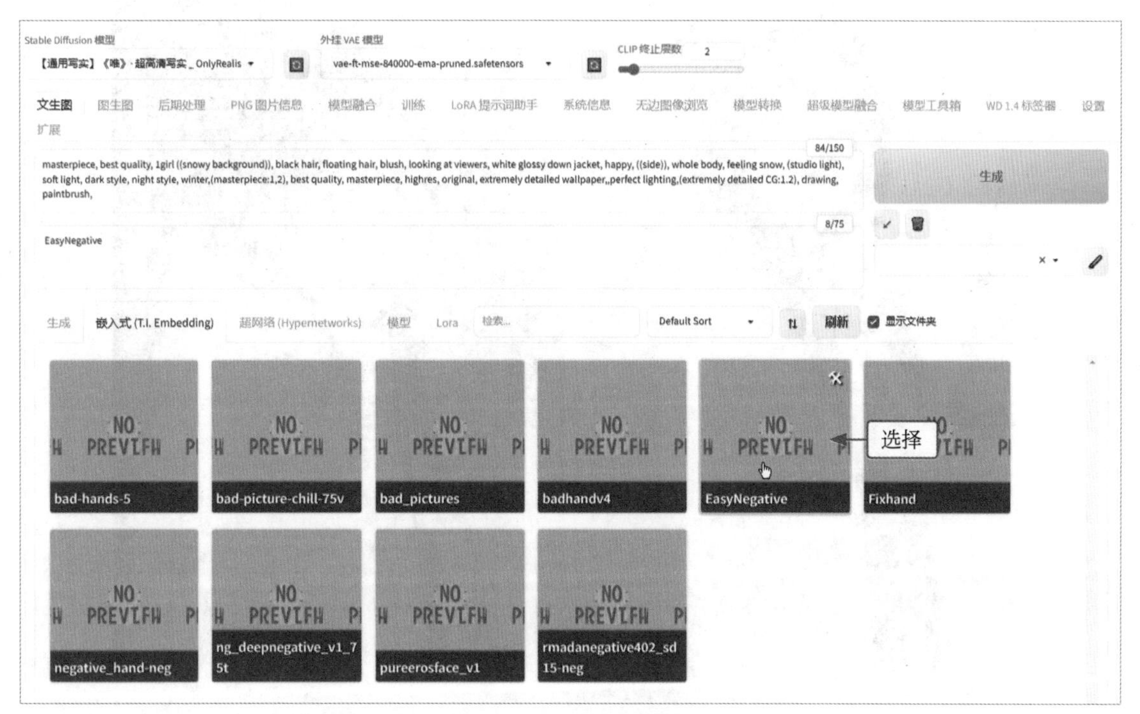

图 4-18　选择 EasyNegative 模型

04 其他生成参数保持不变，单击“生成”按钮，即可调用 EasyNegative 模型中的反向提示词来生成图像，画质更好，效果如图 4-19 所示。

图 4-19 使用 EasyNegative 模型生成的图像

05 通过两次出图的效果对比可以看到，使用 EasyNegative 模型可以有效提升画面的精细度，避免模糊、灰色调、面部扭曲等情况，效果对比如图 4-20 所示。

图 4-20 效果对比

Embedding 模型也有一定的局限性，因为它没有改变主模型的权重参数，所以很难教会主模型去绘制其没有见过的图像内容，也很难改变图像的整体风格。因此，Embedding 模型通常只用来固定人物角色或画面内容的特征。

4.1.6　使用Hypernetwork模型

扫码看视频

Hypernetwork（也成为 Hypernetworks）的中文名称为超网络，是一种神经网络架构，它可以动态生成神经网络的参数权重，简而言之，它可以生成其他神经网络。

在 Stable Diffusion 中，Hypernetwork 被用于动态生成分类器的参数，这为 Stable Diffusion 模型添加了随机性，减少了参数量，并能够引入 side information（利用已有的信息辅助对信息 X 进行编码，可以使得信息 X 的编码长度更短）来辅助特定任务，这使得该模型具有更强的通用性和概括能力。

Hypernetwork 的功能和 Embedding、Lora 类似，都是对 Stable Diffusion 生成的图片进行针对性调整。但 Hypernetwork 的应用领域较窄，主要用于画风转换，而且训练难度很大，未来很有可能被 Lora 替代。大家也可以将 Hypernetwork 理解为低配版的 Lora。

Hypernetwork 最重要的功能是转换画面的风格，也就是切换不同的画风。下面介绍使用 Hypernetwork 模型的操作方法。

01 进入“文生图”页面，选择一个写实类的大模型，输入提示词，指明画面的主体内容，还加入了 pixel style（像素样式）、pixel art（像素艺术）等画风关键词，如图 4-21 所示。

图 4-21　输入提示词

02 适当设置生成参数，单击“生成”按钮，即可生成写实风格的图像，但画风关键词并没有起到作用，如图 4-22 所示。

专家提醒

在使用 Hypernetwork 模型时，需要注意以下几点。

- Hypernetwork 没有固定的生成图像质量较好的权重值范围，因此需要用户进行多次尝试和调整。
- 建议用户使用与 Hypernetwork 配套的大模型，特别是在刚开始练习时，可以参考本书给出的示例提示词和图片所使用的大模型。
- 为了获得最佳效果，最好使用同本书一致的参数或根据推荐参数进行调整。

图 4-22　生成写实风格的图像

03 切换至“超网络 (Hypernetworks)”选项卡，在其中选择模型，将其提示词插入正向提示词中的合适位置，并对 Hypernetworks 模型的权重进行适当设置，使两者能够产生更好的融合效果，如图 4-23 所示。

图 4-23　插入并设置 Hypernetworks 模型的提示词权重

04 切换至“生成”选项卡，保持生成参数不变，单击“生成”按钮，生成像素风格的图像，如图 4-24 所示。

图 4-24　生成像素风格的图像

05 生成像素风格的图像，效果对比如图 4-25 所示。

图 4-25　效果对比

专家提醒

用户可以直接将下载的 Hypernetworks 模型文件存放在 Stable Diffusion 安装目录下的 \models\hypernetworks 文件夹中，即可完成该模型的安装，如图 4-26 所示。

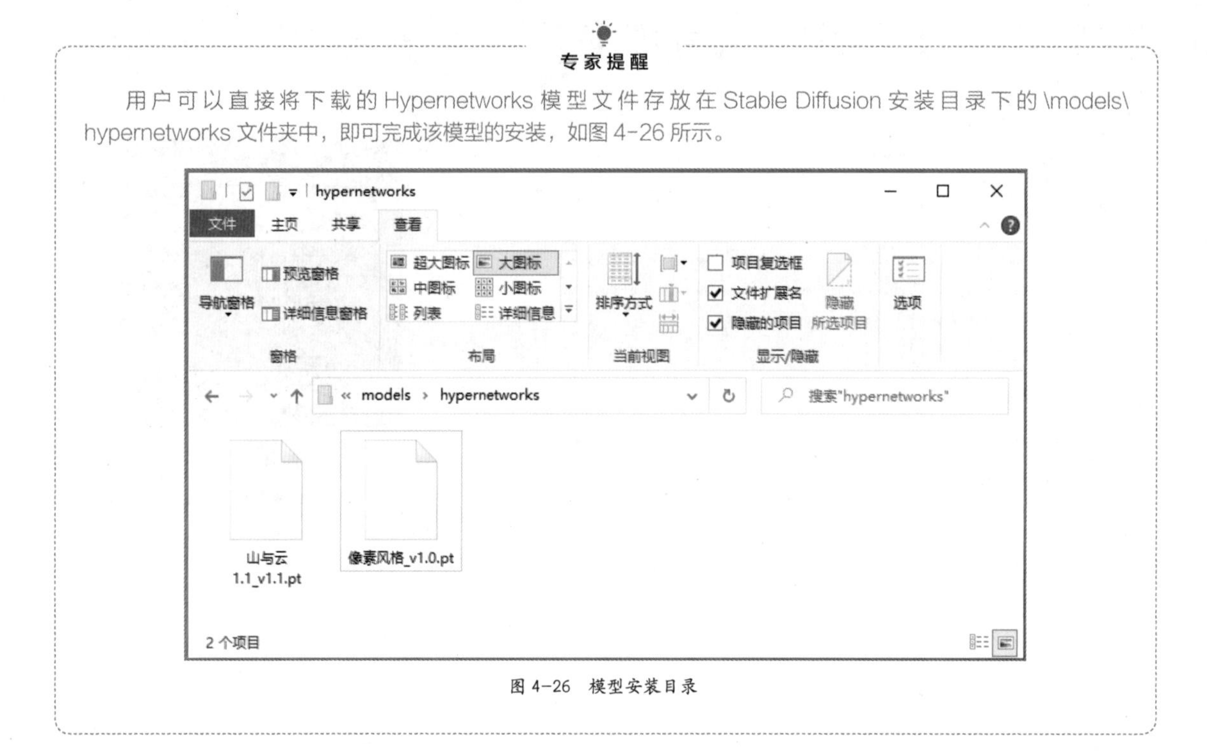

图 4-26 模型安装目录

4.1.7 使用VAE模型

Stable Diffusion 中的 VAE 模型是一种变分自编码器，它通过学习潜在表征来重建输入数据。在 Stable Diffusion 中，VAE 模型用于将图像编码为潜在向量，并通过该向量解码图像以进行图像修复或微调。

扫码看视频

下面介绍使用 VAE 模型的操作方法。

01 进入“文生图”页面，选择一个写实类的大模型，输入相应的提示词，同时将“外挂 VAE 模型”设置为“None(无)”，如图 4-27 所示，即 AI 在绘画时不会使用 VAE 模型。

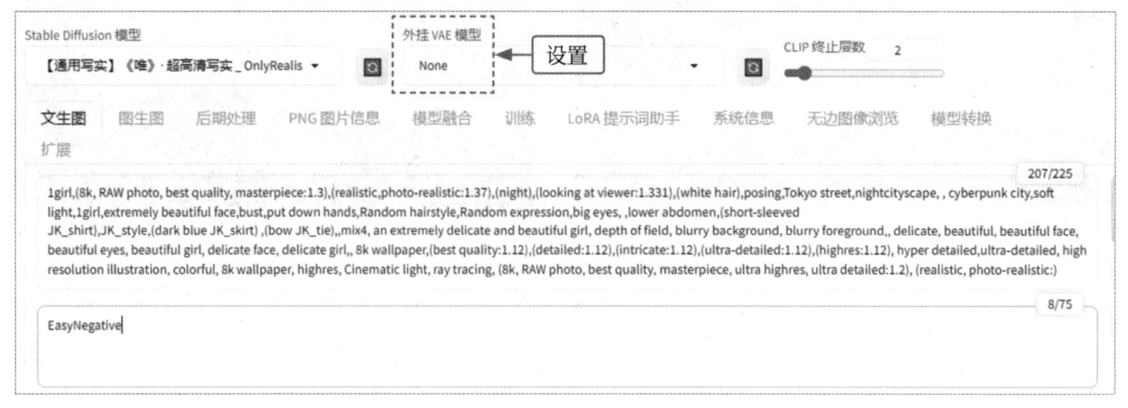

图 4-27 设置“外挂 VAE 模型”参数

02 适当设置生成参数，单击“生成”按钮，即可生成相应的图像，如图 4-28 所示。这是没有使用 VAE 模型的效果，画面色彩比较平淡。

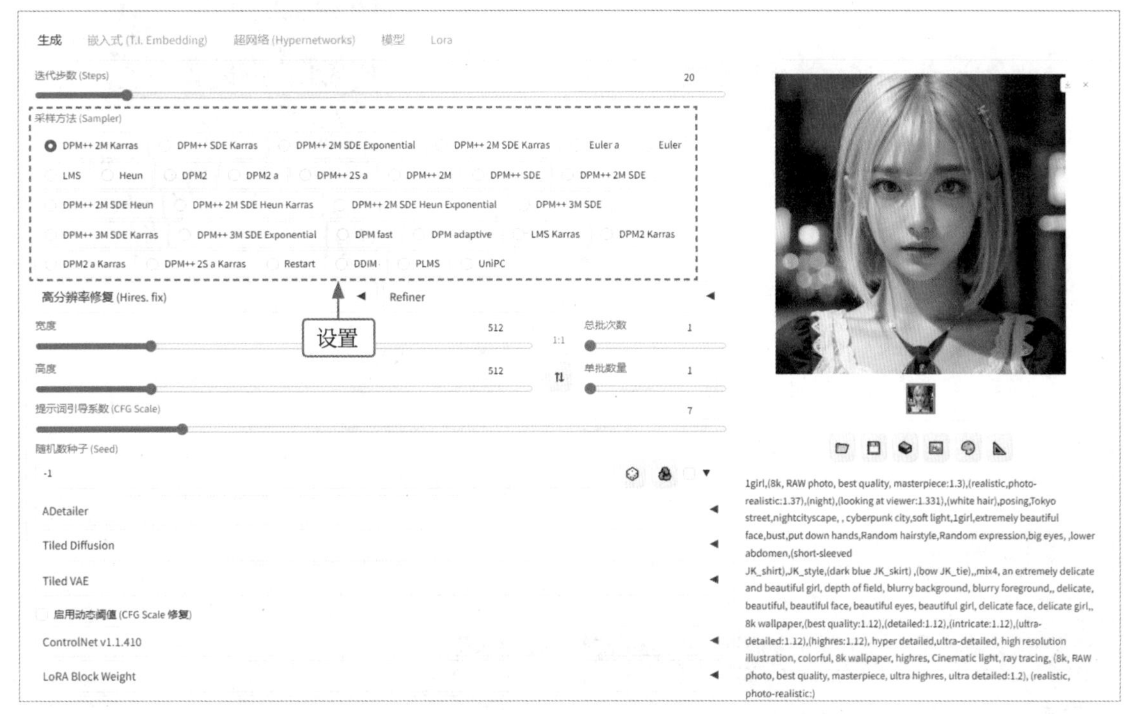

图 4-28　没有使用外挂 VAE 模型的效果

03 在“外挂 VAE 模型”列表框中选择 VAE 模型，如图 4-29 所示。这是常用的 VAE 模型，它的出图效果接近于实际拍摄。

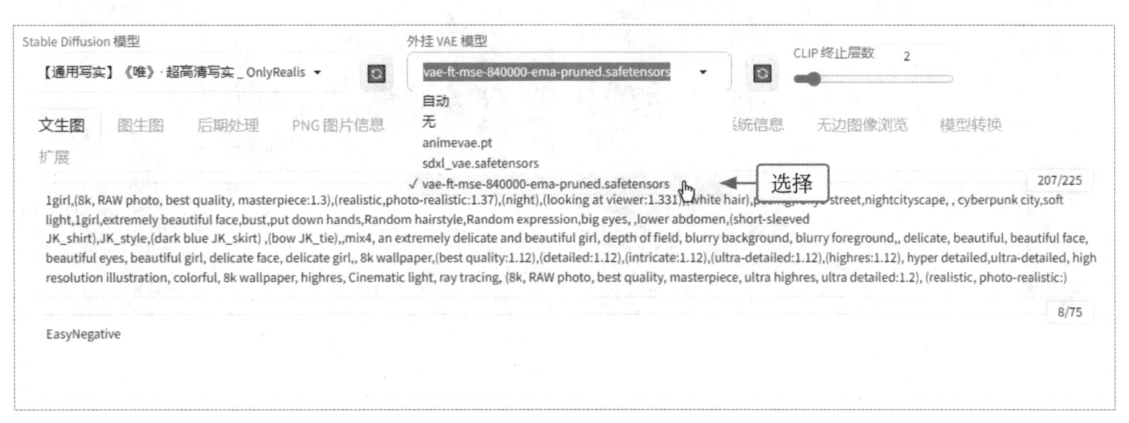

图 4-29　选择 VAE 模型

04 保持生成参数不变，单击“生成”按钮，即可生成相应的图像，如图 4-30 所示。

05 观察使用外挂 VAE 模型生成的图像效果，画面就像是加了调色滤镜一样，看上去不会灰蒙蒙的，整体的色彩饱和度更高，效果如图 4-31 所示。

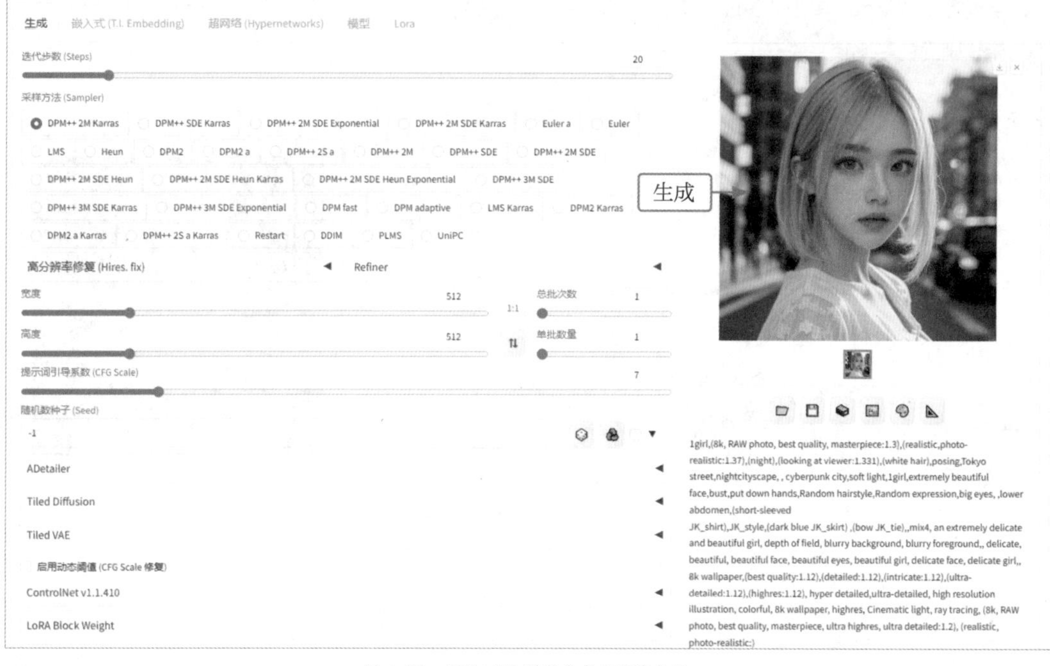

图 4-30　使用 VAE 模型生成的图像效果

图 4-31　效果对比

专家提醒

VAE 模型并不像前面介绍的那几种模型可以很好地控制图像内容，它主要是对大模型生成的图像进行修复。VAE 模型由一个编码器和一个解码器组成，常用于 AI 图像生成，它也出现在潜在扩散模型中。编码器用于将图片转换为低维度的潜在表征 (latents)，然后将该潜在表征作为 U-Net 模型的输入；相反，解码器则用于将潜在表征重新转换回图片形式。

在潜在扩散模型的训练过程中，编码器用于获取图片训练集的潜在表征，这些潜在表征用于前向扩散过程，每一步都会往潜在表征中增加更多噪声。在推理生成时，由反向扩散过程生成的 denoised latents(经过去噪处理的潜在表征) 被 VAE 的解码器部分转换回图像格式。因此，在潜在扩散模型的推理生成过程中，只需使用到 VAE 的解码器部分。

4.2　Lora 模型的使用技巧

Lora 的全称为 Low-Rank Adaptation of Large Language Models，意为“大型语言模型的低阶适应”。

Lora 最初应用于大型语言模型（简称大模型），由于其直接对大模型进行微调，不仅成本高，而且速度慢，再加上大模型的体积庞大，因此性价比很低。针对这些问题，Lora 不断改进，通过冻结原始大模型，并在外部创建一个小型插件来进行微调，从而避免了直接修改原始大模型，这种方法既便宜又快捷，而且插件式的特点使得它非常易于使用。

Lora 在绘画大模型上表现非常出色，固定画风或人物的能力非常强大。因此，Lora 的应用范围逐渐扩大，并迅速成为一种流行的 AI 绘画技术。本节将介绍 Stable Diffusion 中 Lora 模型的使用技巧。

4.2.1　使用Lora模型

只要是图片上的特征，Lora 都可以提取并训练，其作用包括对人物的脸部特征进行复刻、生成某一特定风格的图像、固定动作特征等。

扫码看视频

Lora 模型的数量非常多，以 LiblibAI 网站为例，在“模型广场”页面中的模型效果缩略图上，左上角带有 LORA 字样的就是 Lora 模型。用户也可以在“筛选”菜单中单击 LORA 标签，如图 4-32 所示。

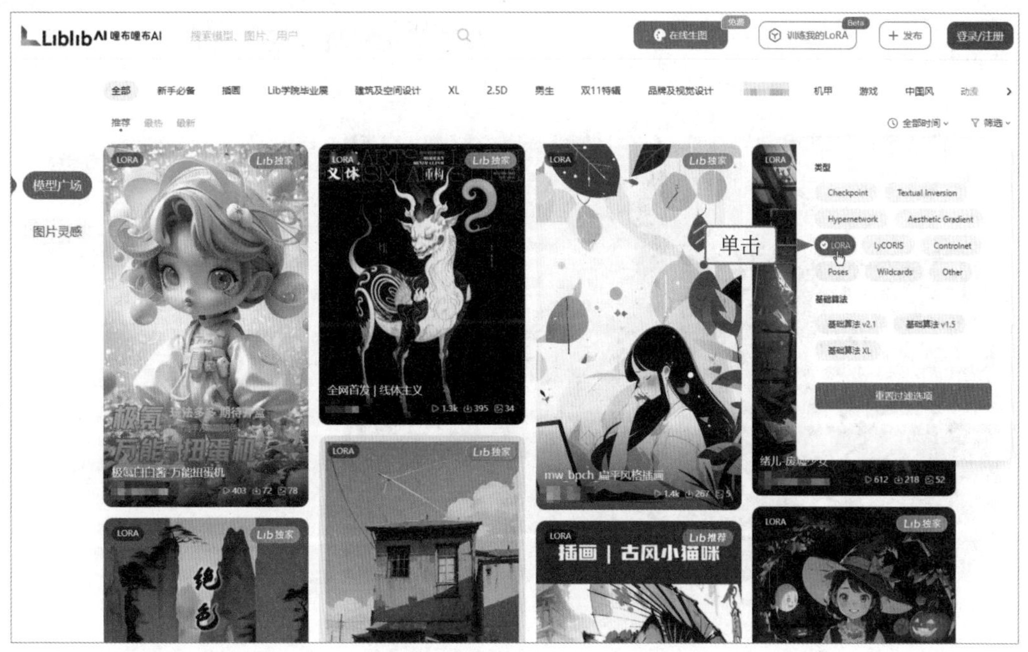

图 4-32　单击 LORA 标签

执行操作后，即可筛选出全部的 Lora 模型，用户可以在其中选择一个自己喜欢的样式，如图 4-33 所示。

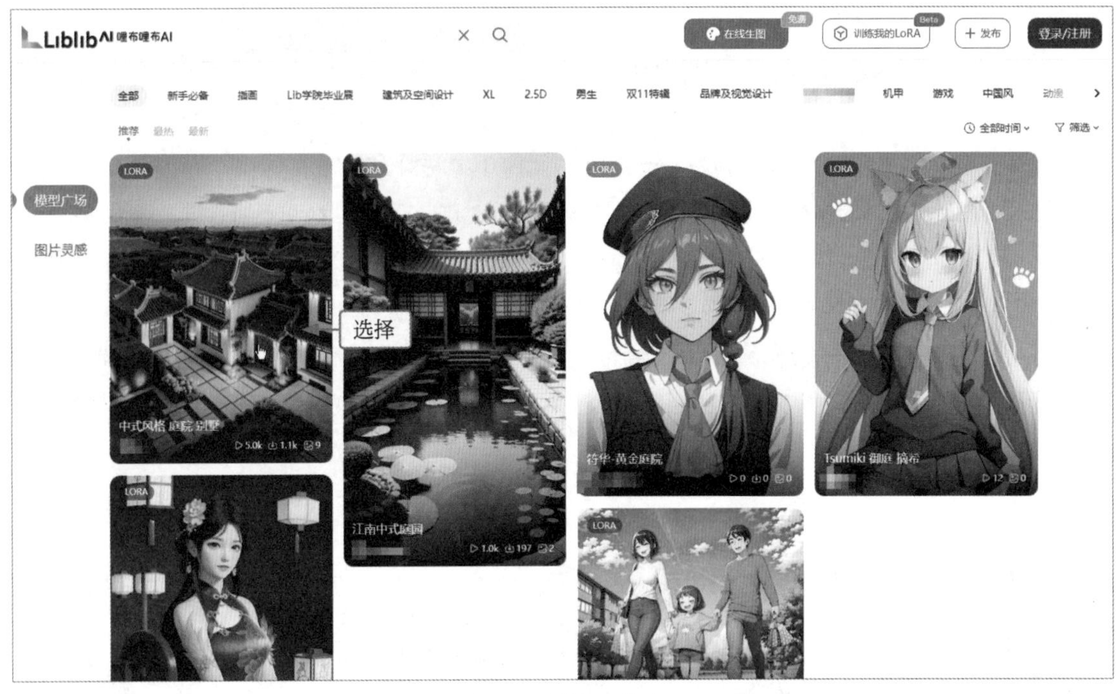

图 4-33　选择 Lora 模型

执行操作后，进入该 Lora 模型的详情页面，单击页面右侧的“下载”按钮，即可下载所选的 Lora 模型，如图 4-34 所示。

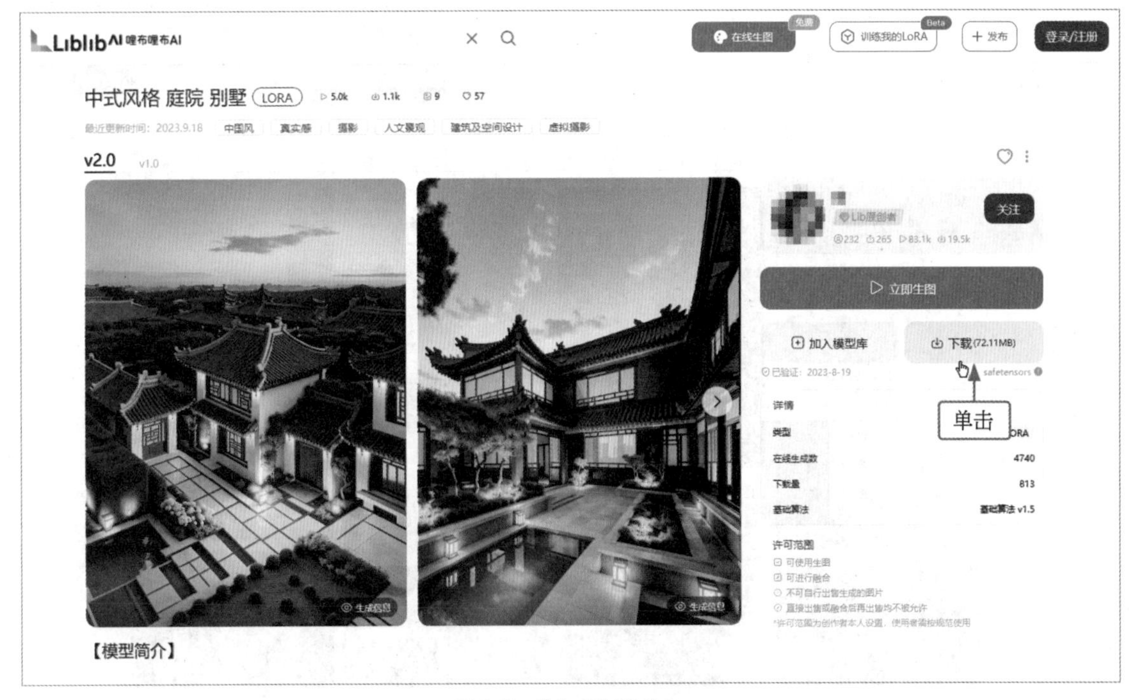

图 4-34　单击“下载”按钮

下载 Lora 模型后，将其放入 sd-webui-aki\sd-webui-aki-v4\models\Lora 文件夹中，同时将模型的效果图放在该文件夹。安装 Lora 模型后，即可在 Stable Diffusion 中调用该模型来生成图像。

下面介绍使用 Lora 模型的操作方法。

01 进入“文生图”页面，选择一个写实类的大模型，输入提示词，如图 4-35 所示。正向提示词中加入了 Chinese Architecture(中国建筑)，表示希望在图像中包含中国建筑的特点和元素。

图 4-35　输入提示词

专家提醒

Lora 技术原用于解决大型语言模型的微调问题，如 GPT3.5 这类拥有 1750 亿量级参数的模型。有了 Lora，就可以将训练参数插入模型的神经网络中，而无须全面微调。这种方法可即插即用，不会破坏原有模型，有助于提升模型的训练效率。

02 适当设置生成参数，单击“生成”按钮，即可生成相应的图像，如图 4-36 所示。

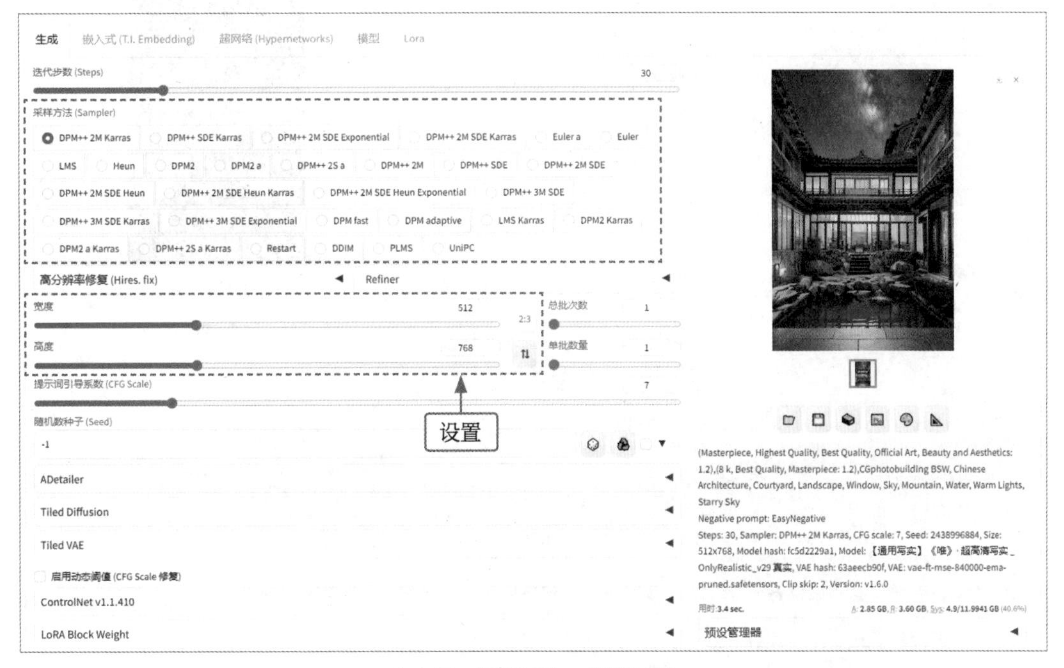

图 4-36　没有使用 Lora 模型的效果

03 切换至 Lora 选项卡，单击“刷新”按钮，即可显示新安装的 Lora 模型，选择该模型，即可将其添加到正向提示词输入框中，如图 4-37 所示。需要注意的是，有触发词的 Lora 模型一定要使用触发词，这样才能将相应的元素触发出来。

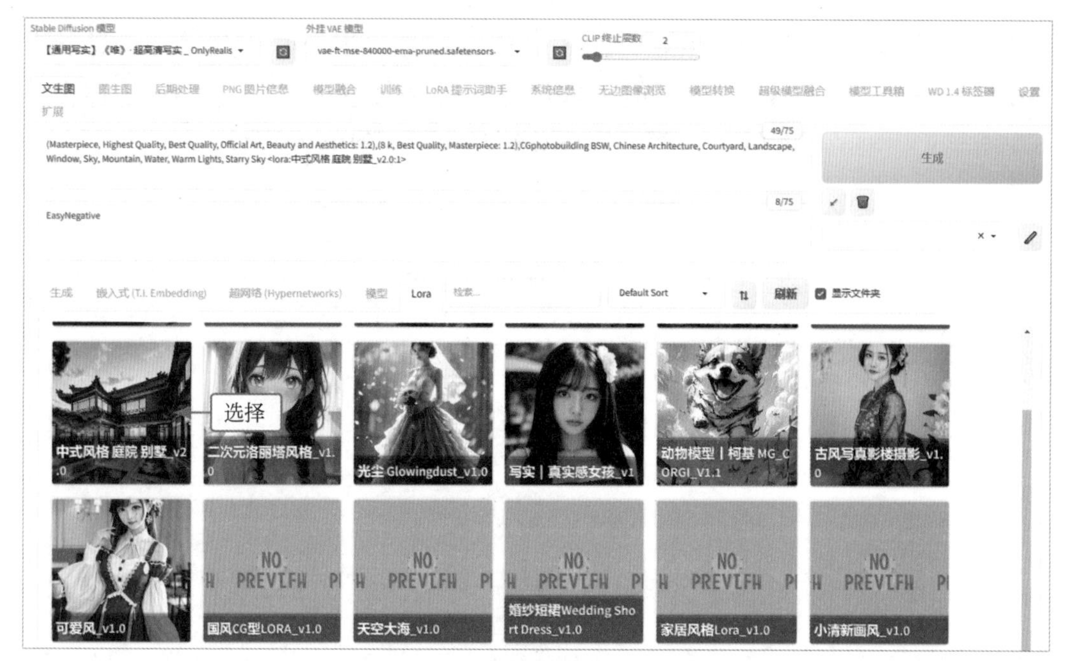

图 4-37　将 Lora 模型添加到正向提示词输入框中

04 保持生成参数不变，单击“生成”按钮，即可生成相应的图像，如图 4-38 所示。

图 4-38　使用 Lora 模型后生成的图像效果

05 观察生成的图片，未使用 Lora 模型生成的图像，画面效果不太符合提示词的描述；使用 Lora 模型后的效果，更能体现古典建筑的设计风格。效果对比，如图 4-39 所示。

图 4-39　效果对比

4.2.2　设置Lora模型的权重

在 Lora 模型的提示词中，可以对其权重进行设置，具体可以查看每款 Lora 模型的介绍，如图 4-40 所示。

图 4-40　Lora 模型介绍中的建议权重说明

需要注意的是，Lora 模型的权重值尽量不要超过 1，不然容易生成效果很差的图像。大部分单个 Lora 模型的权重值可以设置为 0.6 ~ 0.9，能够提高出图质量。如果只想带一点点 Lora 模型的元素或风格，则将权重值设置为 0.3 ~ 0.6 即可。

4.2.3　混用不同的Lora模型

扫码看视频

混用 Lora 模型时要注意，不同的 Lora 模型对不同大模型的干扰程度均不一样，需要用户自行测试。

下面介绍混用不同的 Lora 模型的操作方法。

01　进入"文生图"页面，选择一个写实类的大模型，输入提示词，如图 4-41 所示。提示词描述的画面效果是一个美丽的女孩在户外微笑着，穿着轻便的短衬衫，沐浴在阳光下。

图 4-41　输入提示词

02　切换至 Lora 选项卡，选择一个日式写真风格的 Lora 模型，并将其权重值设置 0.3，如图 4-42 所示。

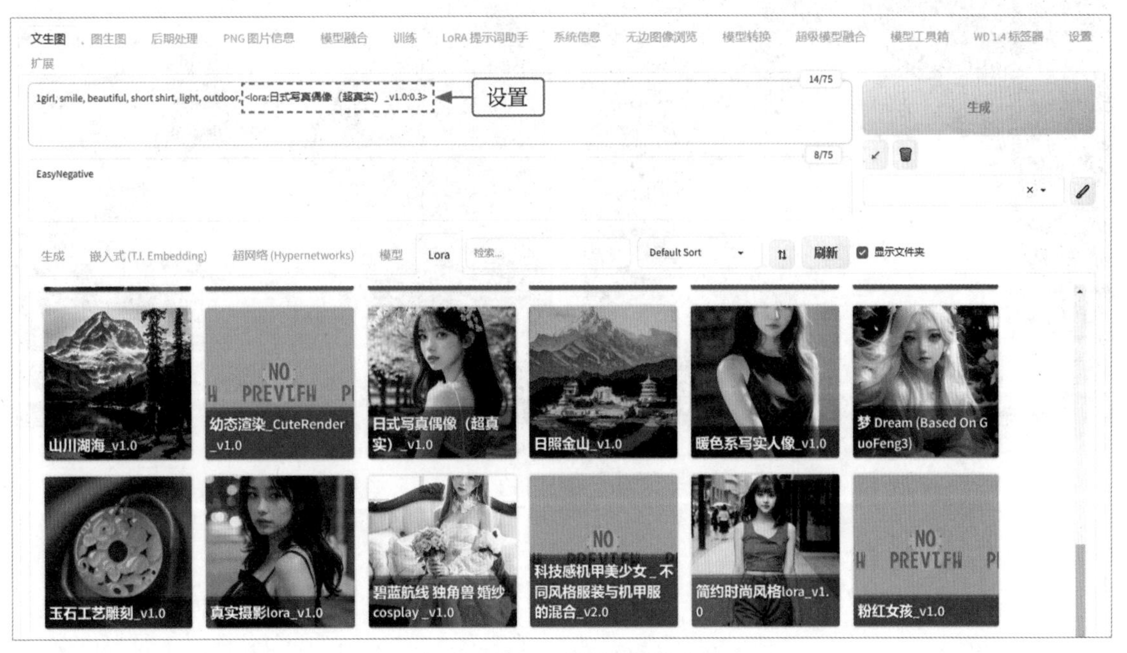

图 4-42　添加 Lora 模型并设置权重值

03 在Lora选项卡中再选择一个Lora模型，添加相应的Lora模型参数，并设置其权重值，如图4-43所示。注意，两个Lora模型的权重值相加最好不超过1。

图 4-43　再次添加一个 Lora 模型并设置权重

04 多次单击“生成”按钮，生成相应的图像，可以看到图像不仅带有日式写真风格，还带有一点暖色调，效果如图4-44所示。

图 4-44　效果展示

第 5 章 使用 ControlNet 插件

目前，Stable Diffusion 已经可以多方面控制绘图效果，但这种程度的控制依然无法满足实际绘图的需要。ControlNet 可以通过其他维度进一步提高绘图的准确性，能够帮助用户更好地控制 AI 绘图的效果。

5.1 简单 3 步安装使用 ControlNet 插件

ControlNet 是一款用于准确控制 AI 生成图像的插件，它利用 conditional generative adversarial networks（条件生成对抗网络）技术来生成图像，以获得更好的视觉效果。ControlNet 允许用户对生成的图像进行精细控制，因此在计算机视觉、艺术设计、虚拟现实等领域具有非常重要的作用。

在 ControlNet 出现之前，用户是无法准确预测 AI 会生成什么图像的，这也是 Midjourney 等 AI 绘画工具的不足之处。ControlNet 出现之后，用户便可以通过各种模型准确地控制 AI 生成的画面，如上传线稿让 AI 填充颜色并渲染、控制人物的姿势等。因此，ControlNet 的作用非常强大，是 Stable Diffusion 的必备插件之一。

专家提醒

ControlNet 的原理是通过控制神经网络块的输入条件，来调整神经网络的行为。简单来说，ControlNet 能够基于上传的图片，提取图片的某些特征后，控制 AI 根据这些特征生成用户想要的图片，这就是它的强大之处。

5.1.1 更新SD WebUI版本

在安装 ControlNe 插件之前，需要先在 Stable Diffusion 的启动器中将 SD WebUI 更新（切换）至最新版本，这样做主要是为了避免使用该插件时出现报错。下面以“绘世”启动器为例，介绍更新 SD WebUI 版本的操作方法。

扫码看视频

01 打开“绘世”启动器程序，在主界面左侧单击“版本管理”按钮，如图 5-1 所示。

图 5-1 单击“版本管理”按钮

02 执行操作后，进入“版本管理”界面，在“稳定版”列表中选择最新的版本，如 1.6.0 版，单击右侧的“切换”按钮，弹出信息提示框，单击“确定”按钮，即可成功更新为最新版本（“切换”按钮会隐藏），如图 5-2 所示。

绘世 2.5.4

一键启动　高级选项　疑难解答　模型管理　小工具　交流群　灯泡　设置

内核　扩展　　刷新列表　一键更新

远端地址：https://gitcode ... /stable-diffusion-webui
当前分支：master
当前版本：5ef669de080814067961f28357256e8fe27544f4 (2023-08-31 12:38:34)

稳定版　开发版

版本 ID	更新内容	日期	当前	
5ef669d	2023 年第 35 周 - 1.6.0	2023-08-31 12:38:34	✓	
c9c8485	2023 年第 34 周 - 1.5.2	2023-08-23 20:48:09		切换
68f336b	2023 年第 30 周 - 1.5.1	2023-07-27 14:02:22		切换
f865d3e	2023 年第 28 周 - 1.4.1	2023-07-11 11:23:52		切换
394ffa7	2023 年第 26 周 - 1.4.0	2023-06-27 13:38:14		切换
baf6946	2023 年第 23 周 - 1.3.2	2023-06-05 11:13:41		切换
b6af0a3	2023 年第 22 周 - 1.3.1	2023-06-02 02:35:14		切换
89f9faa	2023 年第 20 周 - 1.2.1	2023-05-14 18:35:07		切换
5ab7f21	2023 年第 18 周 - 1.1.0	2023-05-02 14:20:35		切换
22bcc7b	2023 年第 13 周	2023-03-29 13:58:29		切换
a9fed7c	2023 年第 11 周	2023-03-14 16:28:13		切换
0cc0ee1	2023 年第 8 周	2023-02-20 19:45:54		切换
3715ece	2023 年第 7 周	2023-02-13 13:12:51		切换
226d840	2023 年第 5 周	2023-02-01 21:30:28		切换
d8f8bcb	2023 年第 3 周 - Gradio 版本升级前	2023-01-18 18:20:47		切换
82725f0	2023 年第 2 周 - 模型哈希改版前	2023-01-13 20:04:37		切换

更新

图 5-2　更新为最新版本

专家提醒

SD WebUI 是 Stable Diffusion WebUI 的缩写，大家习惯将其简称为 WebUI，它是一款使用 Stability AI 算法制作的开源软件，让用户可以通过浏览器来操作 SD。这个开源软件不仅插件齐全、易于使用，而且可以随时更新和得到支持。SD WebUI 的运行环境基于 Python 语言，因此需要用户掌握一定的编程知识以便进行操作。

5.1.2　安装ControlNet插件

如果用户使用“秋叶整合包”安装 Stable Diffusion 软件，通常可以在“文生图”或“图生图”页面的生成参数下方看到 ControlNet 插件，如图 5-3 所示。

扫码看视频

如果页面中没有显示 ControlNet 插件，则用户需要重新下载和安装该插件，具体操作方法如下。

01 进入 Stable Diffusion 的“扩展”页面，切换至“可下载”选项卡，单击“加载扩展列表”按钮，如图 5-4 所示。

02 执行操作后，即可加载扩展列表，在搜索框中输入 ControlNet，下方的列表中会显示相应的 ControlNet 插件，单击右侧的“安装”按钮，即可自动安装，如图 5-5 所示。注意，如果电脑中已经安装了 ControlNet 插件，则列表中可能不会显示该插件。

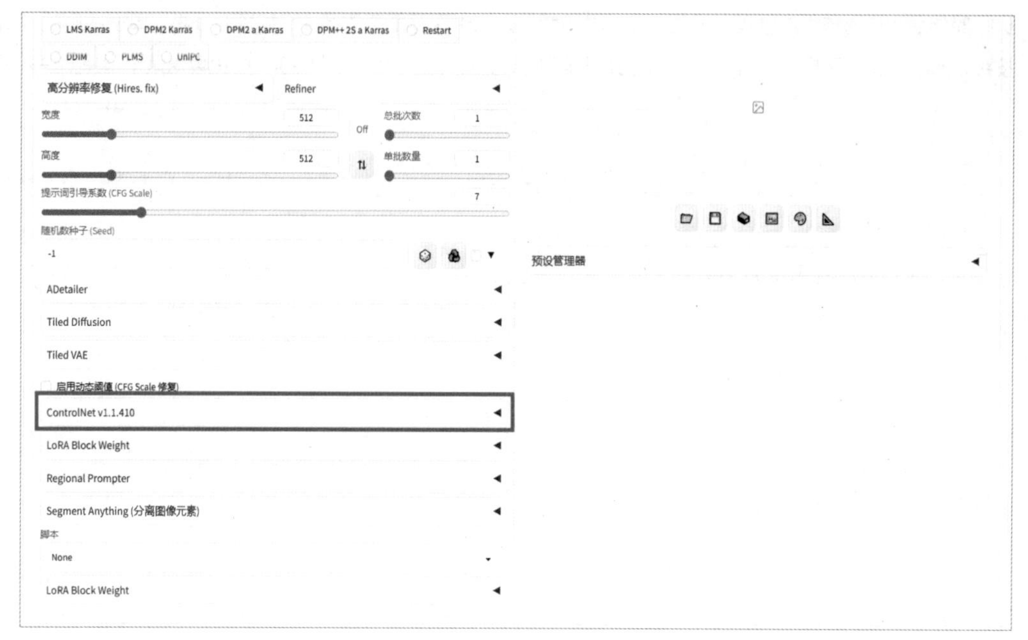

图 5-3　ControlNet 插件的位置

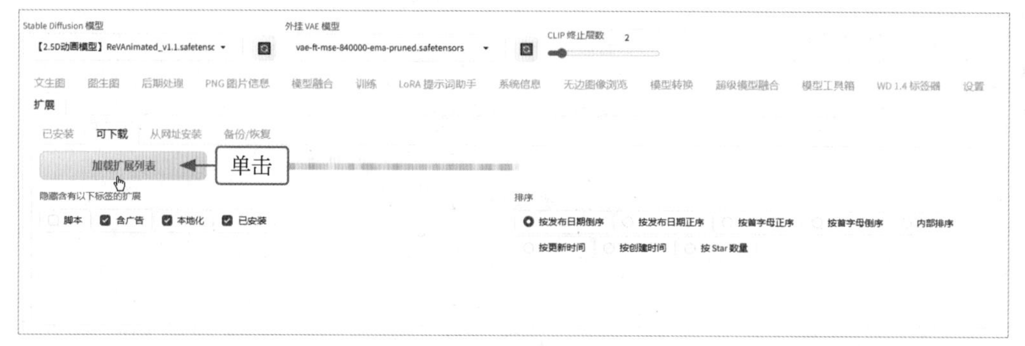

图 5-4　单击“加载扩展列表”按钮

图 5-5　安装 ControlNet 插件

ControlNet 插件安装完成后，需要重启 WebUI。如果用户是本地启动 WebUI，需要重启 Stable Diffusion 的启动器；如果用户使用云端部署，则需要暂停 Stable Diffusion 的运行后，再重新开启 Stable Diffusion。

5.1.3　下载ControlNet模型

扫码看视频

首次安装 ControlNet 插件后，在“模型”列表框中是看不到任何模型的，因为 ControlNet 的模型需要单独下载，下载必备模型后才能正常使用 ControlNet 插件的相关功能。下面介绍下载与安装 ControlNet 模型的操作方法。

01　在 Hugging Face 网站中进入 ControlNet 模型的下载页面，选择模型，单击模型栏中相应的 Download file(下载文件)按钮 ⤓，即可下载模型，如图 5-6 所示。注意，这里必须下载后缀名为 pth 的文件，文件大小一般为 1.45GB。

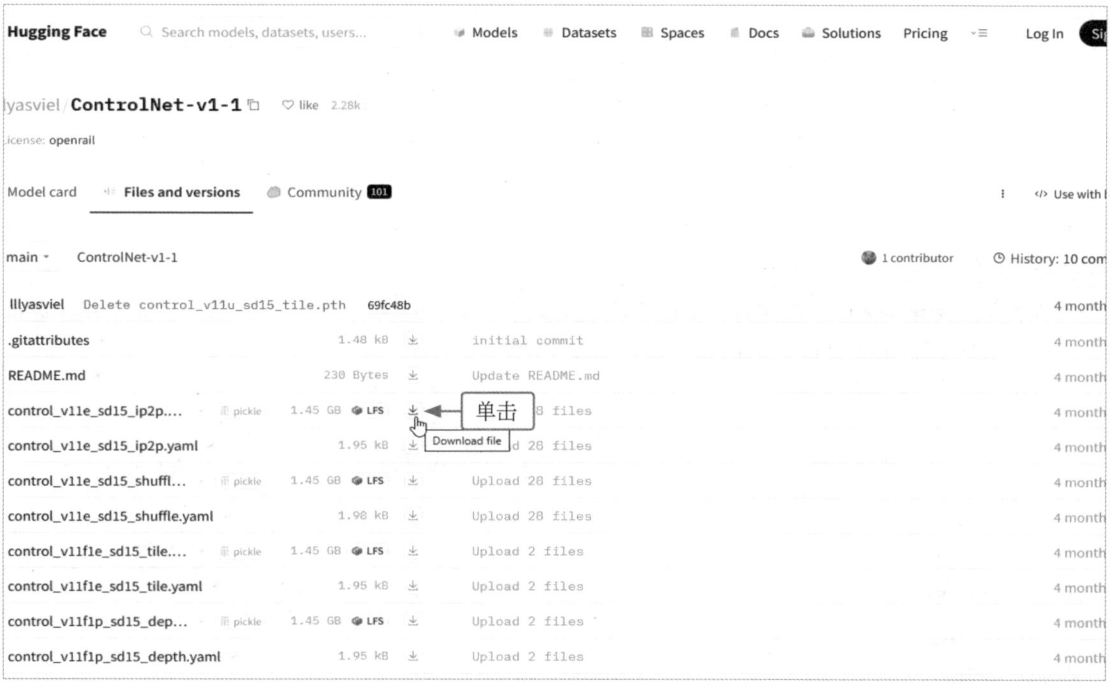

图 5-6　下载模型

专家提醒

用户在下载 ControlNet 模型时，需要注意文件名中 V11 后面的字母。其中，字母 p 表示该版本可供下载和使用；字母 e 表示该版本正在进行测试；字母 u 表示该版本尚未完成。

02　ControlNet 模型下载完成后，将模型文件保存到 SD 安装目录下的 extensions\sd-webui-controlnet\models 文件夹中，即可完成 ControlNet 模型的安装，如图 5-7 所示。

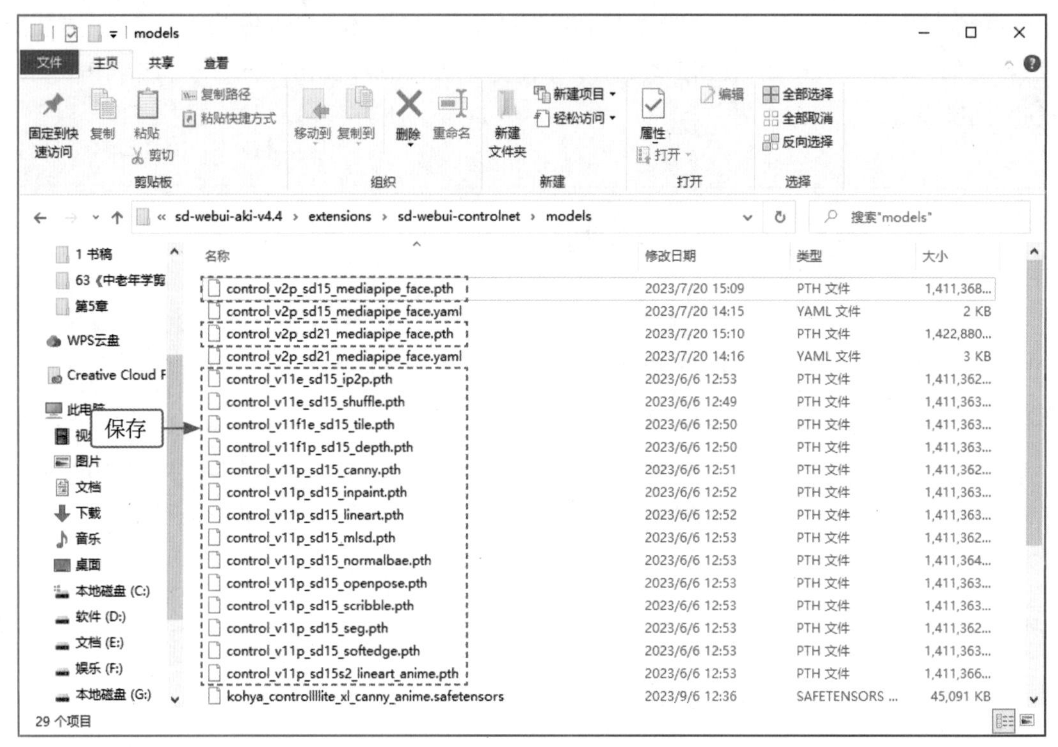

图 5-7 将模型文件保存到相应文件夹

03 ControlNet 模型下载并安装完成后，再次启动 Stable Diffusion WebUI，即可看到已经安装好的 ControlNet 模型了。如果用户是第一次安装 ControlNet 插件，可能只有 1 个或 2 个单元 (unit)，若需要更多的 ControlNet 单元，可以进入“设置”页面，切换至 ControlNet 选项卡，设置“多重 Controlnet:ControlNet unit 数量 (需重启)”参数，如图 5-8 所示。

图 5-8 设置“多重 Controlnet:ControlNet unit 数量 (需重启)”参数

专家提醒

ControlNet 单元最多可以开启 10 个，但单元开启过多可能会导致绘图时显卡崩溃。通常情况下，开启 3 ~ 5 个 ControlNet 单元即可满足日常的使用。

5.2 ControlNet 插件的控图技巧

ControlNet 插件中的控制类型非常多，而且每种类型都有其特点。本节将介绍一些常用的 ControlNet 控制类型的特点，并提供展示效果图，帮助大家更好地学习 ControlNet 插件的控图技巧和使用场景。

5.2.1 使用Canny(硬边缘)控图

Canny 用于识别输入图像的边缘信息，从而提取出图像中的线条。通过 Canny 将上传的图片转换为线稿，可以根据关键词生成与上传图片具有相同构图的新画面。

扫码看视频

下面介绍使用 Canny 控图的操作方法。

01 进入"文生图"页面，选择一个 2.5D(2.5Dimension，一种介于二维和三维之间的视觉效果）动画类的大模型，输入提示词，指定生成图像的风格和主体内容，如图 5-9 所示。

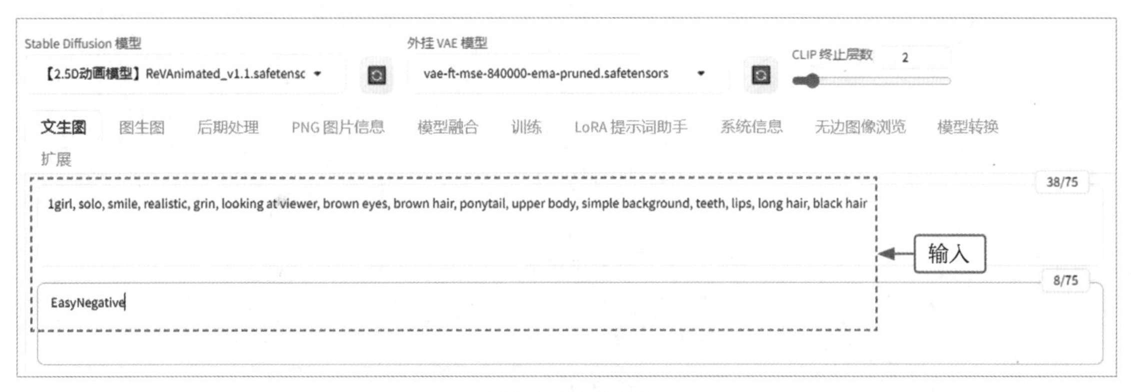

图 5-9　输入提示词

02 展开 ControlNet 选项区，上传一张原图，分别选中"启用"复选框（启用 ControlNet 插件）、"完美像素模式"复选框（自动匹配合适的预处理器分辨率）、"允许预览"复选框（预览预处理结果），如图 5-10 所示。

03 在 ControlNet 选项区下方，选中"Canny(硬边缘)"单选按钮，系统会自动选择 canny(硬边缘检测）预处理器，在"模型"列表中选择配套的 control_canny-fp16 [e3fe7712] 模型，该模型可以识别并提取图像中的边缘特征并输送到新的图像中，单击 Run preprocessor(运行预处理程序）按钮 💥，如图 5-11 所示。

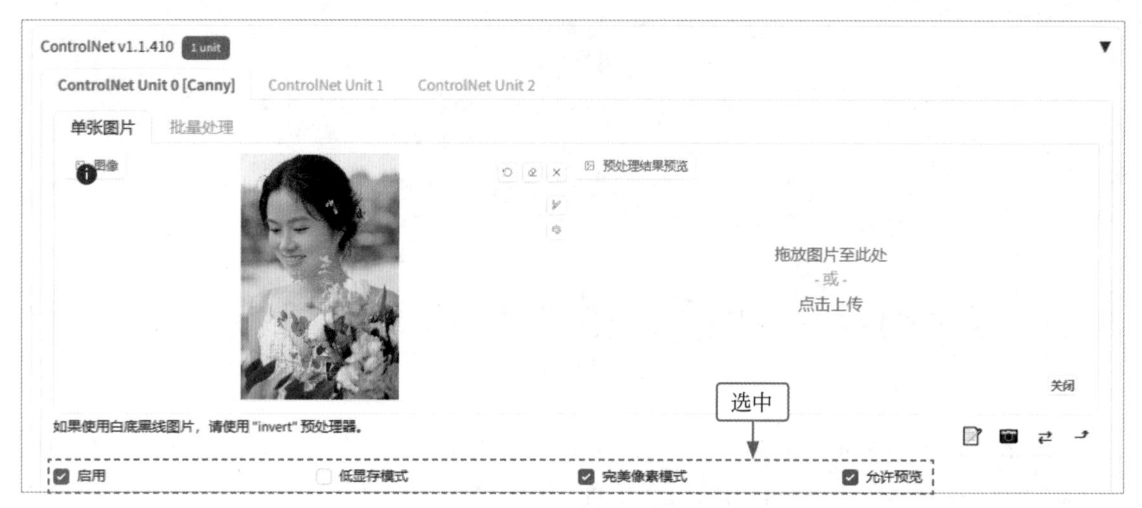

图 5-10　分别选中相应的复选框

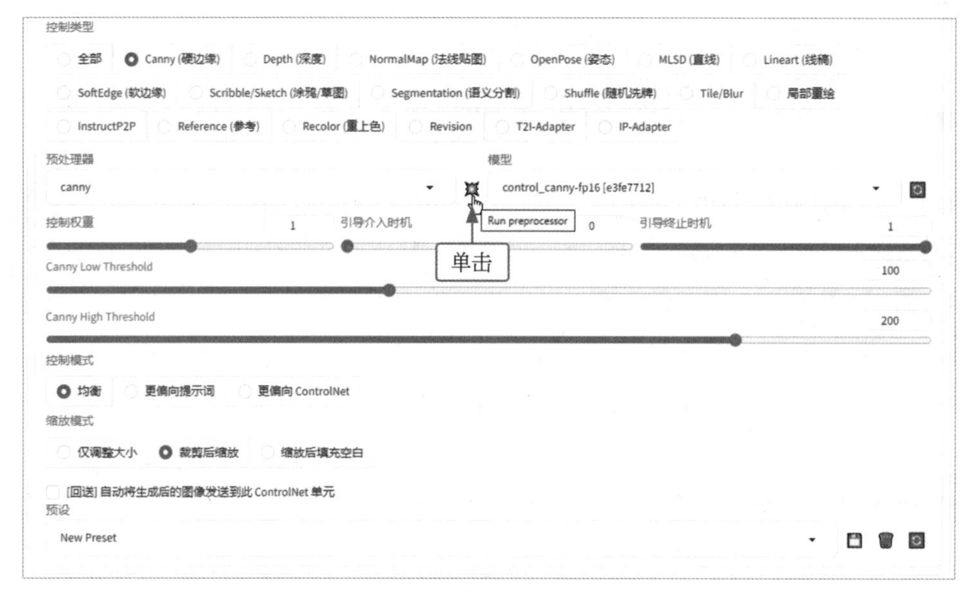

图 5-11　选择控制模型并运行

专家提醒

在 Canny 控制类型中，除了 canny 预处理器外，还设置了一个 invert(对白色背景黑色线条图像反相处理) 预处理器。该预处理器的功能是将线稿进行颜色反转，可以轻松实现将手绘线稿转换成模型可识别的预处理线稿图。

04 执行操作后，即可根据原图的边缘特征生成线稿图，如图 5-12 所示。

05 对生成参数进行适当调整，主要将图像尺寸设置为与原图一致，如图 5-13 所示。

06 单击“生成”按钮，即可生成相应的新图，其中人物的姿态和构图基本与原图一致。原图与效果对比，如图 5-14 所示。

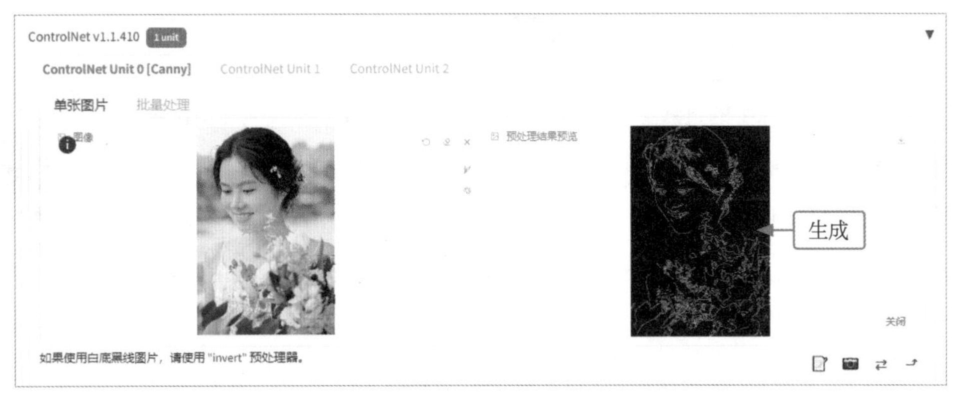

图 5-12　生成线稿图

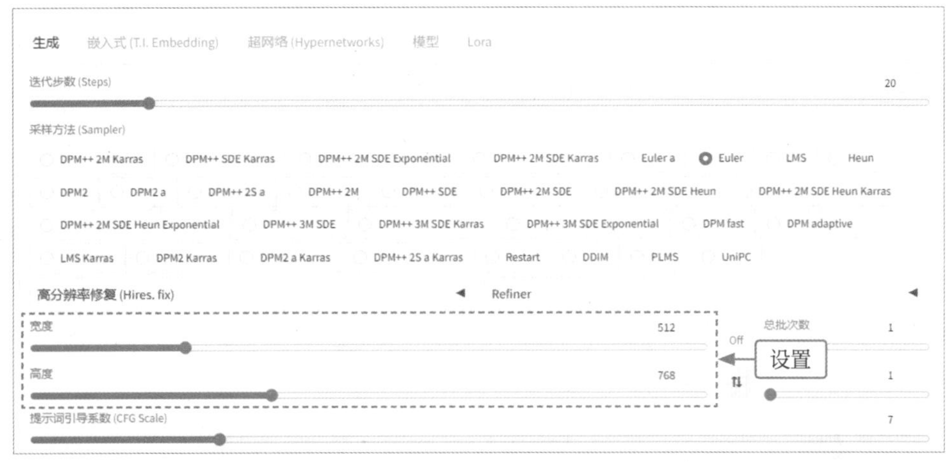

图 5-13　设置参数

图 5-14　原图与效果对比

5.2.2 使用MLSD(直线)控图

MLSD 可以提取图像中的直线边缘，被广泛应用于需要提取物体线性几何边界的领域，如建筑设计、室内设计和路桥设计等。

扫码看视频

下面介绍使用 MLSD 控图的操作方法。

01 进入“文生图”页面，选择一个室内设计的通用大模型，输入提示词，指定生成图像的画面内容，如图 5-15 所示。

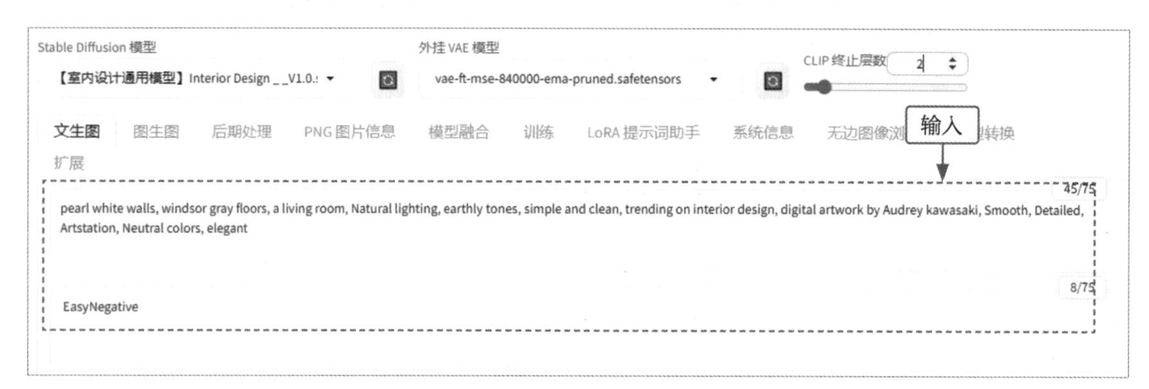

图 5-15 输入提示词

02 展开 ControlNet 选项区，上传一张原图，分别选中“启用”复选框、“完美像素模式”复选框、“允许预览”复选框，如图 5-16 所示。注意，相关选项的作用前面已经解释过，此处不再赘述。

图 5-16 分别选中相应的复选框

03 在 ControlNet 选项区下方，选中“MLSD(直线)”单选按钮，系统会自动选择“mlsd(M-LSD 直线线条检测)”预处理器，在“模型”列表中选择配套的 control_mlsd-fp16 [e3705cfa] 模型，如图 5-17 所示。该模型只会保留画面中的直线特征，而忽略曲线特征。

图 5-17　选择预处理器和模型

专家提醒

需要注意的是，Stable Diffusion 中有很多看似相同的选项名称，不同位置的大小写、中文解释和功能可能都不相同，这是因为它的文件不一样。如 MLSD，它的控制类型名称为“MLSD(直线)”，预处理器文件的名称为“mlsd(M-LSD 直线线条检测)”，而用到的模型文件名称为 control_mlsd-fp16 [e3705cfa]。

04　单击 Run preprocessor 按钮 💥，即可根据原图的直线边缘特征生成线稿图，如图 5-18 所示。

图 5-18　生成线稿图

05　对生成参数进行适当调整，主要选择一种写实风格的采样方法，并将图像尺寸设置为与原图一致，如图 5-19 所示。

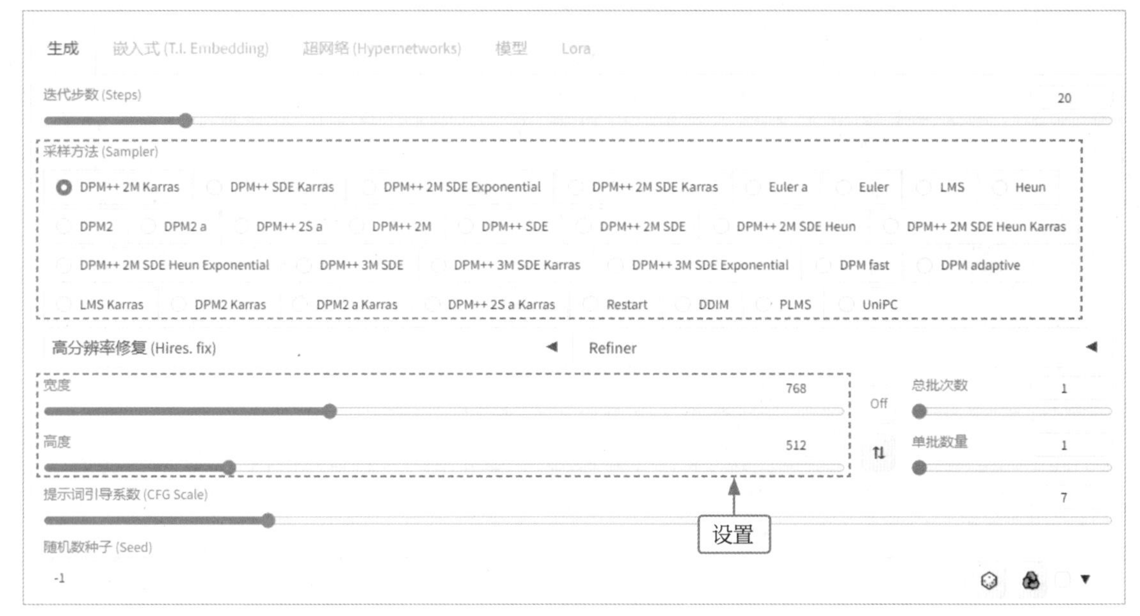

图 5-19 设置参数

06 单击“生成”按钮，即可生成相应的新图，与原图的构图和布局基本一致。原图与效果对比，如图 5-20 所示。

图 5-20 原图与效果对比

5.2.3　使用NormalMap(法线贴图)控图

NormalMap 可以从原图中提取 3D (Three Dimensions，三维) 物体的法线向量，绘制的新图与原图的光影效果完全相同。NormalMap 可以在不改变物体真实结构的基础上实现反映光影分布的效果，被广泛应用在计算机图形学、动画渲染和游戏制作等领域。

扫码看视频

下面介绍使用 NormalMap 控图的操作方法。

01　进入“文生图”页面，选择一个综合类的大模型，输入提示词，指定生成图像的画面内容，如图 5-21 所示。

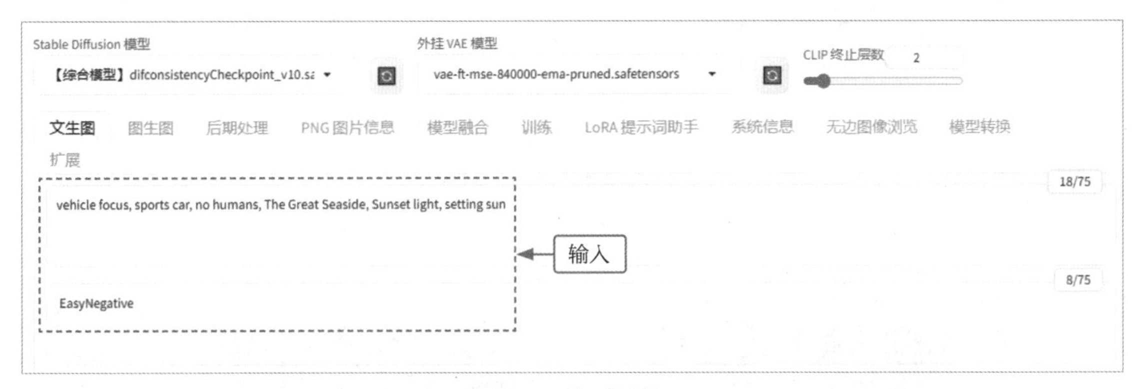

图 5-21　输入提示词

02　展开 ControlNet 选项区，上传一张原图，分别选中“启用”复选框、“完美像素模式”复选框、“允许预览”复选框，如图 5-22 所示。

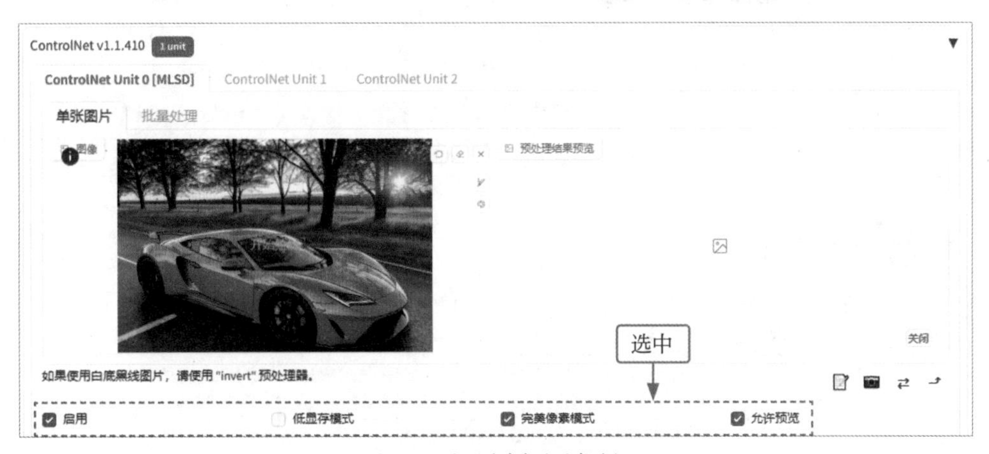

图 5-22　分别选中相应的复选框

03　在 ControlNet 选项区下方，选中“NormalMap(法线贴图)”单选按钮，并分别选择 normal_bae(Bae 法线贴图提取) 预处理器和相应的模型，如图 5-23 所示。该模型会根据画面中的光影信息，模拟出物体表面的凹凸细节，准确地还原画面的内容布局。

04　单击 Run preprocessor 按钮 💥，即可根据原图的法线向量特征生成法线贴图，如图 5-24 所示。

05　对生成参数进行适当调整，主要选择一种写实风格的采样方法，并将图像尺寸设置为与原图一致，如图 5-25 所示。

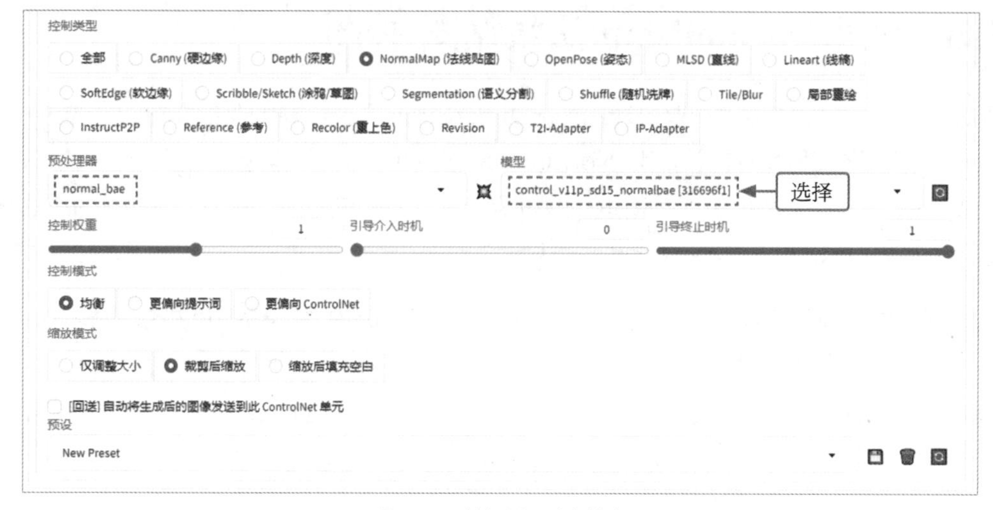

图 5-23 选择预处理器和模型

图 5-24 生成法线贴图

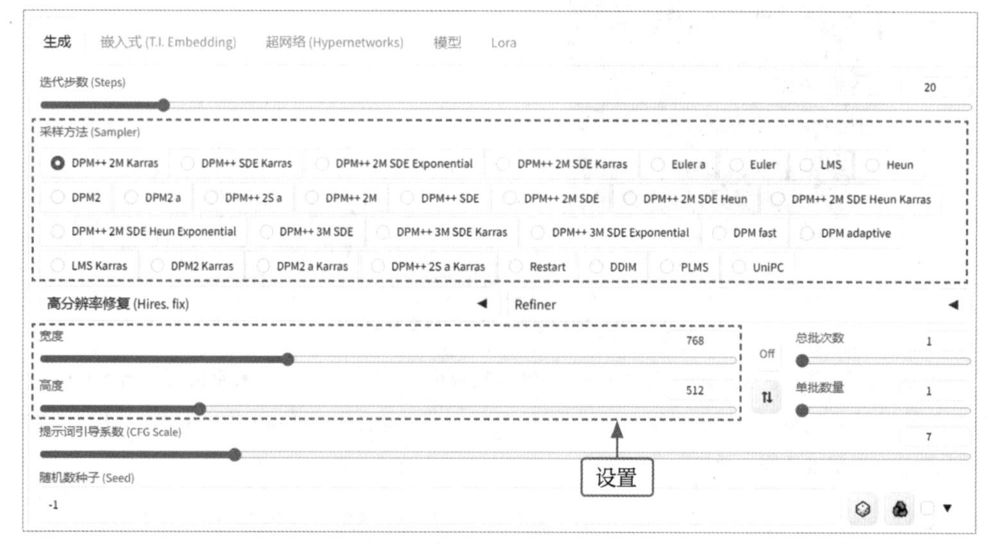

图 5-25 设置参数

06 单击“生成”按钮，即可生成立体感很强的新图，同时通过提示词改变画面的背景细节。原图与效果对比，如图 5-26 所示。我们可以清楚地看到，在应用了 NormalMap 进行控图后，生成的图像中的光影效果得到了显著增强。

图 5-26　原图与效果对比

专家提醒

NormalMap 常用于呈现物体表面的光影细节，使图片效果更加逼真。

5.2.4　使用OpenPose(姿态)控图

OpenPose 主要用于控制图中人物的肢体动作和表情特征，它被广泛运用于人物图像的绘制。

下面介绍使用 OpenPose 控图的操作方法。

01　进入“文生图”页面，选择一个人像写实类的大模型，输入提示词，指定生成图像的画面内容，如图 5-27 所示。

图 5-27　输入提示词

02 展开 ControlNet 选项区，上传一张原图，分别选中“启用”复选框、“完美像素模式”复选框、“允许预览”复选框，如图 5-28 所示。

图 5-28　分别选中相应的复选框

03 在 ControlNet 选项区下方，选中“OpenPose(姿态)”单选按钮，并分别选择 openpose_hand (OpenPose 姿态及手部) 预处理器和相应的模型，如图 5-29 所示。该模型可以通过姿势识别实现对人体动作的精准控制。

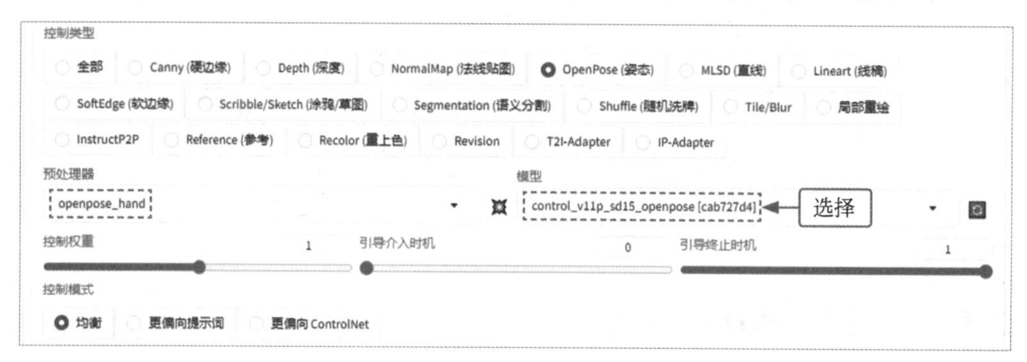

图 5-29　选择预处理器和模型

04 单击 Run preprocessor 按钮 ，即可检测人物的姿态和手部动作，并生成相应的骨骼姿势图，如图 5-30 所示。

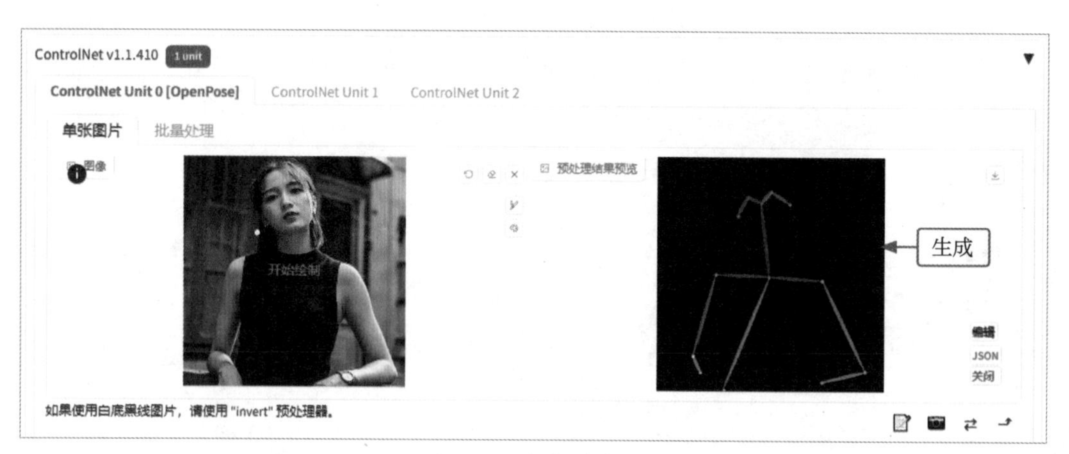

图 5-30　生成骨骼姿势图

专家提醒

OpenPose 主要通过捕捉人物结构在画面中的位置来还原人物的姿势和表情，不仅可以检测单人的姿势，还能够检测多人的姿势。OpenPose 的主要特点是能够检测到人体结构的关键点，如头部、肩膀、手肘、膝盖等部位，同时忽略人物的服饰、发型、背景等细节元素。

05 对生成参数进行适当调整，主要选择一种写实风格的采样方法，并将图像尺寸设置为与原图一致，如图 5-31 所示。

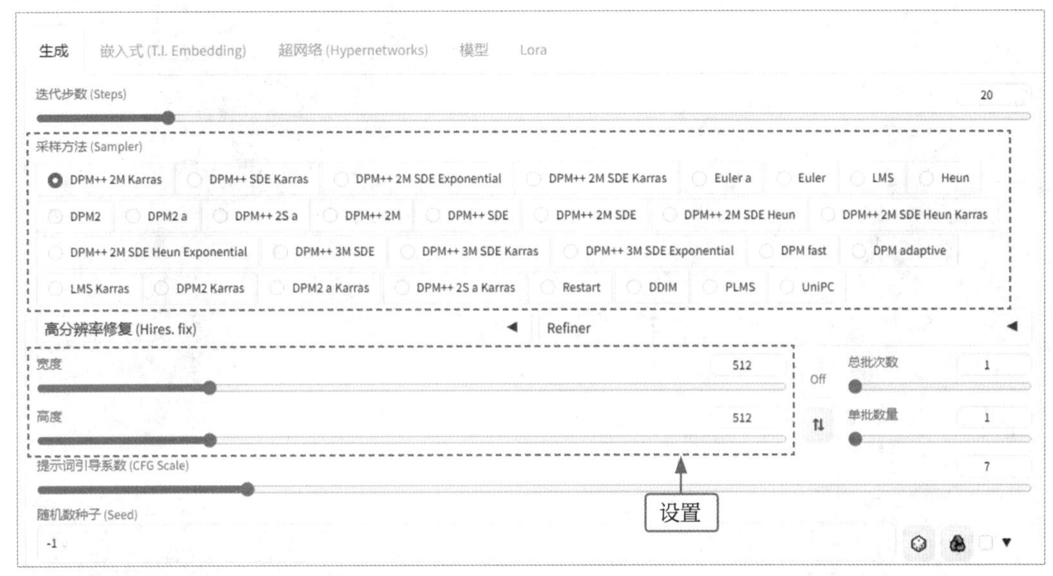

图 5-31　设置参数

06 单击“生成”按钮，即可生成与原图人物姿势相同的新图，同时画面中的人物外观和背景都变成提示词中描述的内容。原图与效果对比，如图 5-32 所示。

图 5-32　原图与效果对比

5.2.5　使用Scribble/Sketch(涂鸦/草图)控图

Scribble/Sketch 具有根据涂鸦或草图绘制精美图像效果的能力，为那些没有手绘基础或缺乏绘画天赋的人提供帮助。Scribble/Sketch 检测生成的预处理图像就像是蜡笔涂鸦的线稿，在控图效果上更加自由。

下面介绍使用 Scribble/Sketch 控图的操作方法。

01 进入“文生图”页面，选择一个写实类的大模型，输入提示词，指定生成图像的画面内容，如图 5-33 所示。

图 5-33　输入提示词

02 展开 ControlNet 选项区，单击“打开新画布”按钮，如图 5-34 所示。

图 5-34　单击“打开新画布”按钮

03 执行操作后，即可展开“打开新画布”选项区，适当设置新画布的宽度和高度，单击“创建新画布”按钮，如图 5-35 所示。

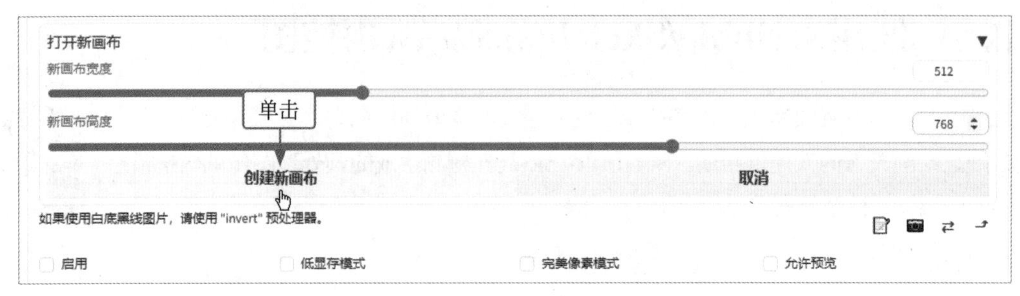

图 5-35 设置并创建新画布

04 执行操作后，即可创建一个空白的新画布，适当调整画笔的笔触颜色和大小，在空白画布上进行涂鸦，画出相应的图像，如图 5-36 所示。用户也可以使用手绘板进行涂鸦，绘画效果会更好一些。

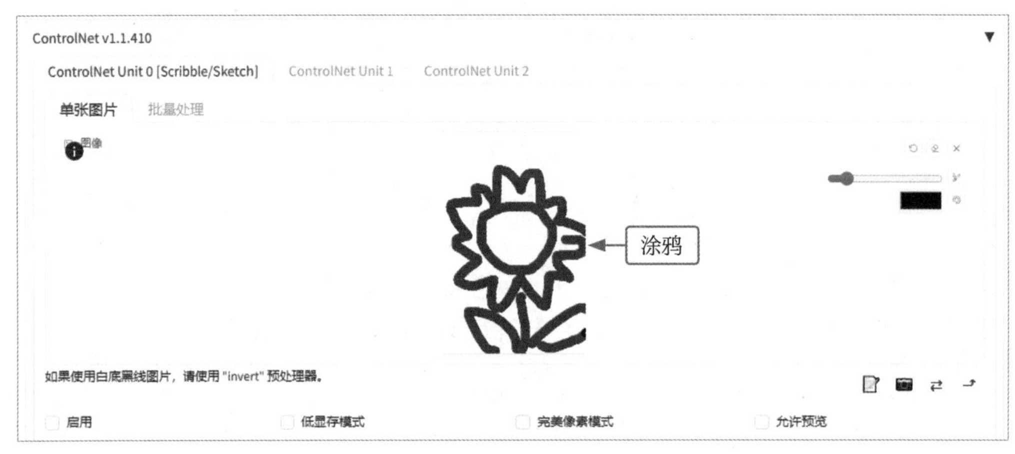

图 5-36 在空白画布上进行涂鸦

05 用户可以单击 × 按钮关闭画布，上传一张原图，分别选中“启用”复选框、“完美像素模式”复选框、“允许预览”复选框，如图 5-37 所示。

图 5-37 分别选中相应的复选框

06 在ControlNet选项区下方，选中“Scribble/Sketch(涂鸦/草图)”单选按钮，并分别选择scribble_xdog(涂鸦-强化边缘)预处理器和相应的模型，如图 5-38 所示。xdog 是一种经典的图像边缘提取算法，能保持较好的线稿控制效果。

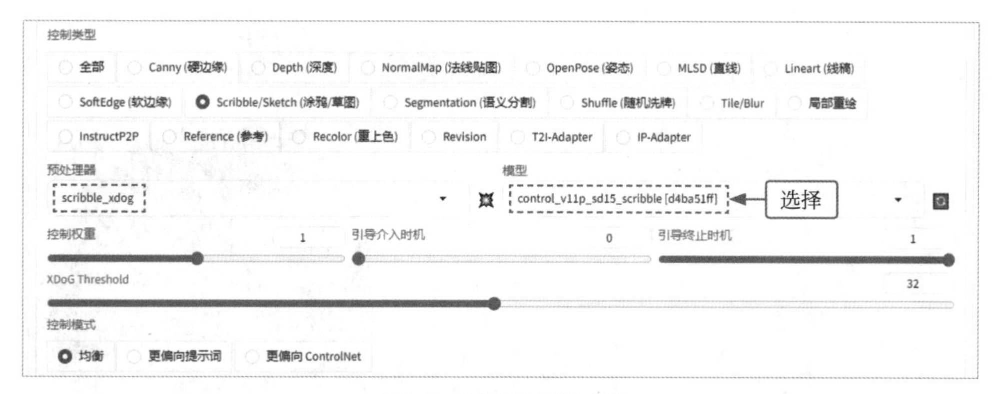

图 5-38　选择预处理器和模型

07 单击 Run preprocessor 按钮，即可检测原图的轮廓线，并生成涂鸦画，如图 5-39 所示。

图 5-39　生成涂鸦画

08 对生成参数进行适当调整，主要选择一种写实风格的采样方法，并将图像尺寸设置为与原图一致，如图 5-40 所示。

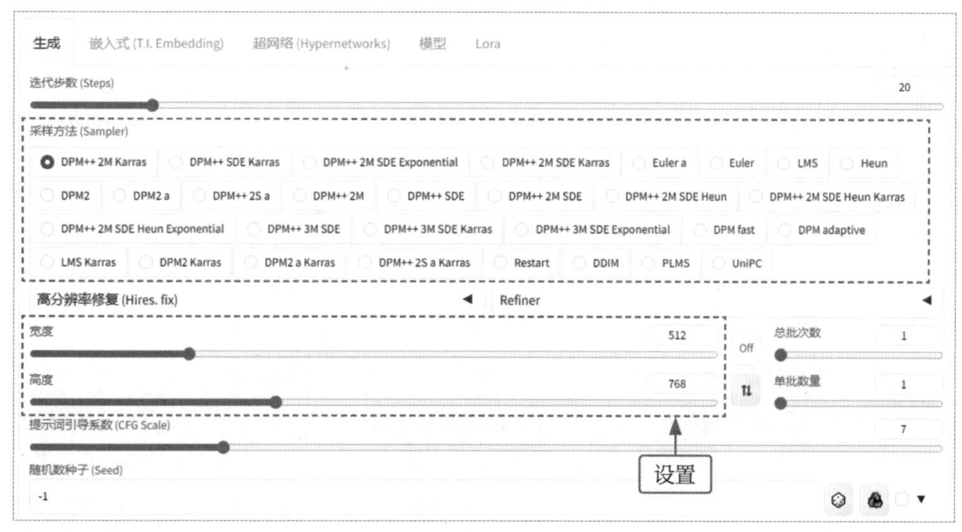

图 5-40　设置参数

09 单击"生成"按钮，即可根据涂鸦的线稿生成相应的人物图像。原图与效果对比，如图 5-41 所示。

图 5-41 原图与效果对比

5.2.6 使用Segmentation(语义分割)控图

Segmentation 是深度学习技术的一种应用，它能够在识别物体轮廓的同时，将图像划分成不同的部分，同时为这些部分添加语义标签，这将有助于实现更为精确的控图效果。

扫码看视频

下面介绍使用 Segmentation 控图的操作方法。

01 进入“文生图”页面，选择一个综合类的大模型，输入提示词，指定生成图像的画面内容，如图 5-42 所示。

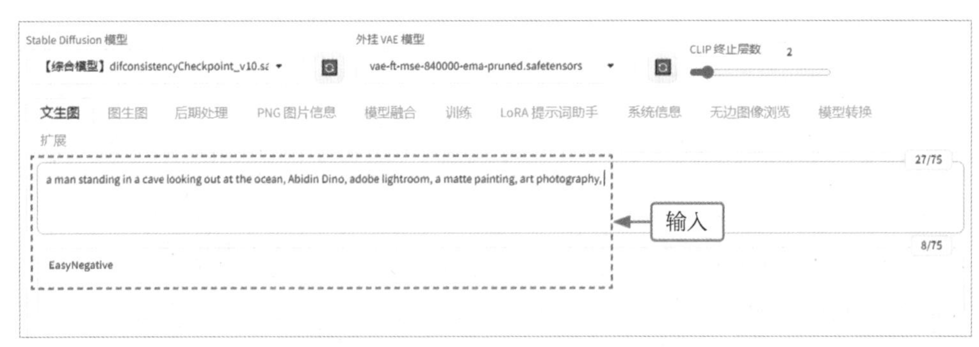

图 5-42 输入提示词

02 在 Lora 选项卡中选择一个落日光线效果的 Lora 模型，添加到提示词的后面，并适当设置模型的权重值以增强画面的落日氛围感，如图 5-43 所示。

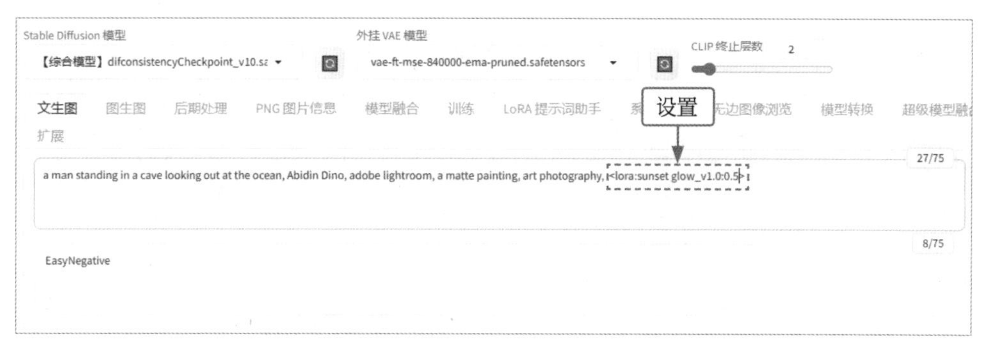

图 5-43　添加 Lora 模型并设置权重值

03 展开 ControlNet 选项区，上传一张原图，分别选中“启用”复选框、“完美像素模式”复选框、“允许预览”复选框，如图 5-44 所示。

图 5-44　分别选中相应的复选框

04 在 ControlNet 选项区下方，选中“Segmentation(语义分割)”单选按钮，并分别选择 seg_ofade20k(语义分割 -OneFormer 算法 -ADE20k 协议) 预处理器和相应的模型，如图 5-45 所示。该模型会将一个标签 (或类别) 与图像联系起来，用来识别并形成不同类别的像素集合。

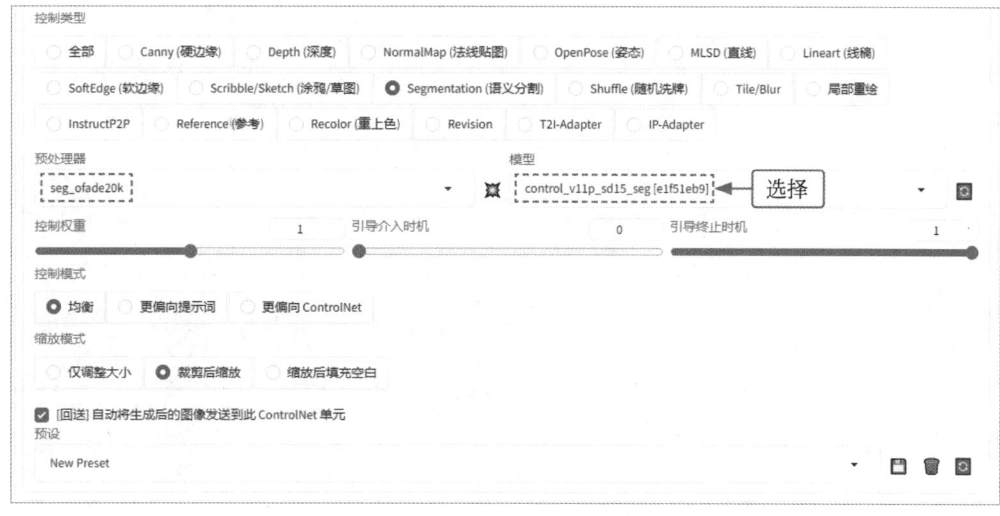

图 5-45　选择预处理器和模型

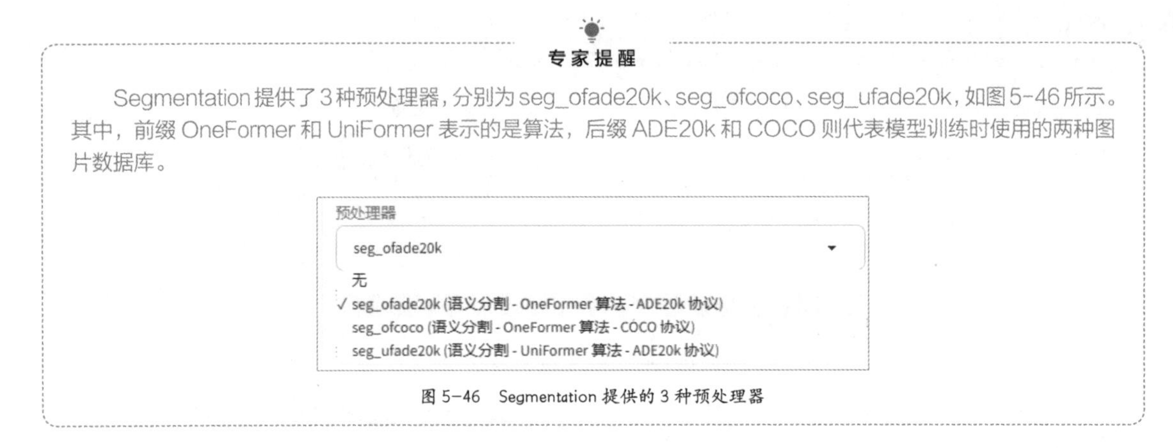

专家提醒

Segmentation 提供了 3 种预处理器，分别为 seg_ofade20k、seg_ofcoco、seg_ufade20k，如图 5-46 所示。其中，前缀 OneFormer 和 UniFormer 表示的是算法，后缀 ADE20k 和 COCO 则代表模型训练时使用的两种图片数据库。

图 5-46 Segmentation 提供的 3 种预处理器

05 单击 Run preprocessor 按钮💥，经过 Segmentation 预处理器检测后，即可生成包含不同颜色的板块图，就像现实生活中的区块地图，如图 5-47 所示。

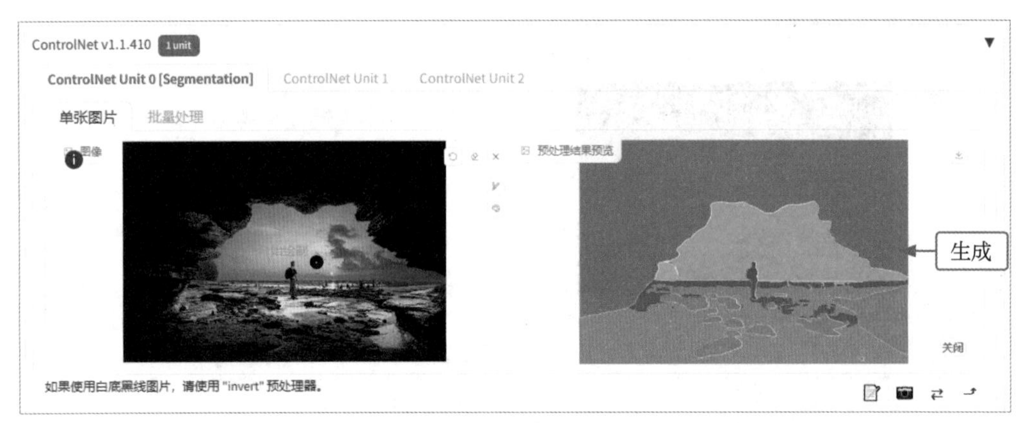

图 5-47 生成包含不同颜色的板块图

06 对生成参数进行适当调整，主要选择一种写实风格的采样方法，并将图像尺寸设置为与原图一致，如图 5-48 所示。

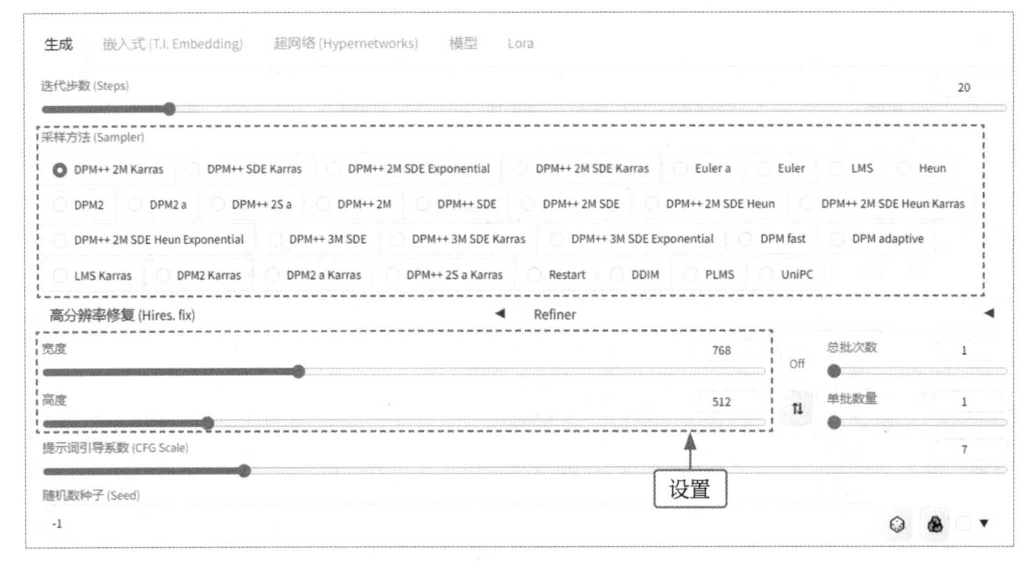

图 5-48 设置参数

07　单击“生成”按钮，即可生成相应的新图，并根据不同颜色的板块图来还原画面的内容，同时根据提示词的描述改变画面风格。原图与效果对比，如图 5-49 所示。

图 5-49　原图与效果对比

5.2.7　使用Depth(深度)控图

Depth 能够从图像中提取物体的前景和背景关系，并生成深度图。在图像中前后物体关系不明显的情况下，可以利用该模型进行辅助控制。例如，通过深度图可以有效还原画面中的空间景深关系。

下面介绍使用 Depth 控图的操作方法。

01　进入“文生图”页面，选择一个综合类的大模型，输入提示词，指定生成图像的画面内容，在提示词的后面添加一个落日光线效果的 Lora 模型，并适当设置 Lora 模型的权重值，如图 5-50 所示。

图 5-50　添加 Lora 模型并设置权重值

02　展开 ControlNet 选项区，上传一张原图，分别选中“启用”复选框、“完美像素模式”复选框、“允许预览”复选框，如图 5-51 所示。

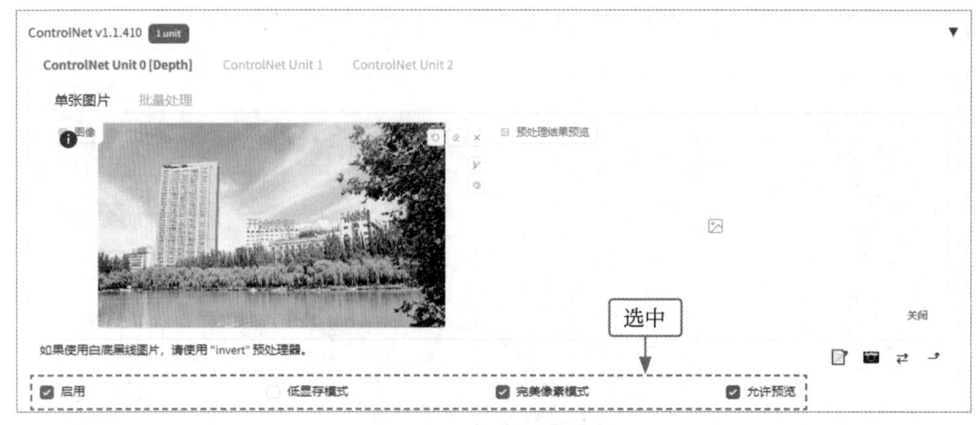

图 5-51 分别选中相应的复选框

03 在 ControlNet 选项区下方，选中“Depth(深度)”单选按钮，并分别选择 depth_leres++(LeReS 深度图估算 ++) 预处理器和相应的模型，如图 5-52 所示。该模型能够提取出细节层次非常丰富的深度图。

图 5-52 选择预处理器和模型

专家提醒

Depth 的预处理器有 4 种：depth_leres、depth_leres++、depth_midas、depth_zoe。depth_leres++ 是 depth_leres 的升级版，提取细节层次的能力会更强一些；depth_Midas 和 depth_zoe 则更适合处理复杂场景，能够强化画面前后的景深层次感。

04 单击 Run preprocessor 按钮 ，即可生成深度图，比较完美地还原场景中的景深关系，如图 5-53 所示。

专家提醒

深度图又称为距离影像，是一种以像素值表示图像采集器到场景中各点距离（深度）的图像，能够直观地反映图像中物体的三维深度关系。对于了解三维动画知识的人来说，深度图应该并不陌生，这类图像仅包含黑白两种颜色，靠近镜头的物体颜色较浅（偏白色），而远离镜头的物体颜色则较深（偏黑色）。

05 对生成参数进行适当调整，主要选择一种写实风格的采样方法，并将图像尺寸设置为与原图一致，如图 5-54 所示。

图 5-53　生成深度图

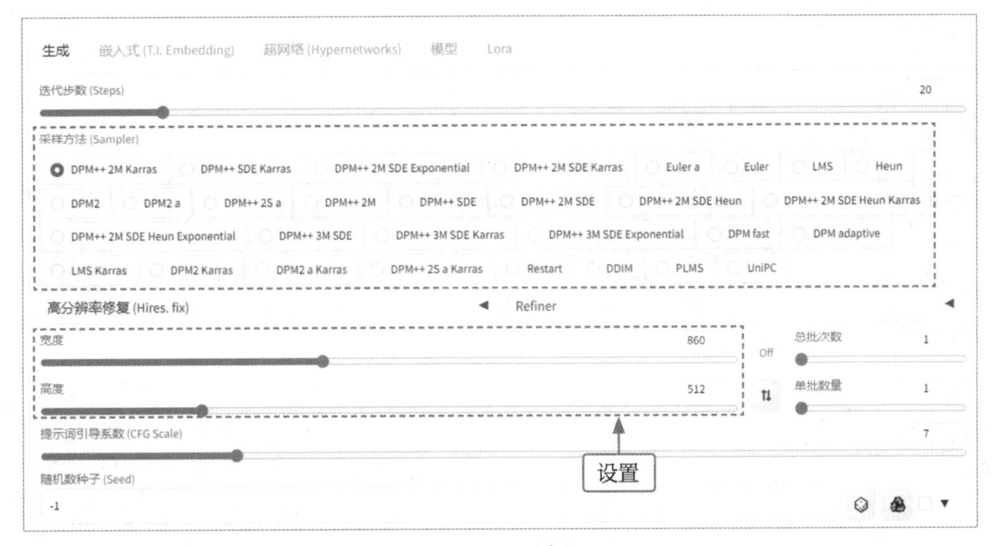

图 5-54　设置参数

06 单击“生成”按钮，即可根据深度图中的灰阶色值反馈的区域元素前后关系生成相应的新图。原图与效果对比，如图 5-55 所示。

图 5-55　原图与效果对比

5.2.8　使用Inpaint(局部重绘)控图

扫码看视频

Inpaint 相当于更换了 SD 中的原生图生图功能的算法，但使用时仍然会受到重绘范围等参数的制约。

下面介绍使用 Inpaint 控图的操作方法。

01　进入“文生图”页面，选择一个写实类的大模型，输入提示词，只需描述局部重绘的内容即可，如图 5-56 所示。

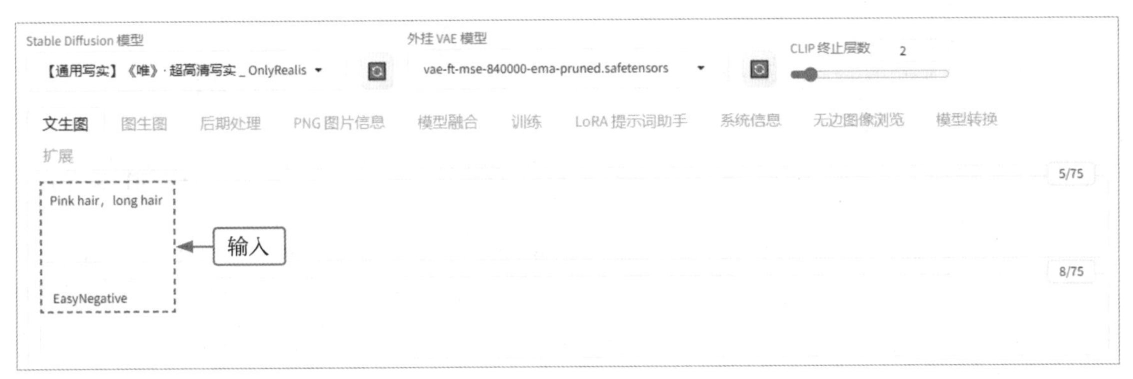

图 5-56　输入提示词

02　展开 ControlNet 选项区，上传一张原图，分别选中“启用”复选框、“完美像素模式”复选框、“允许预览”复选框，如图 5-57 所示。

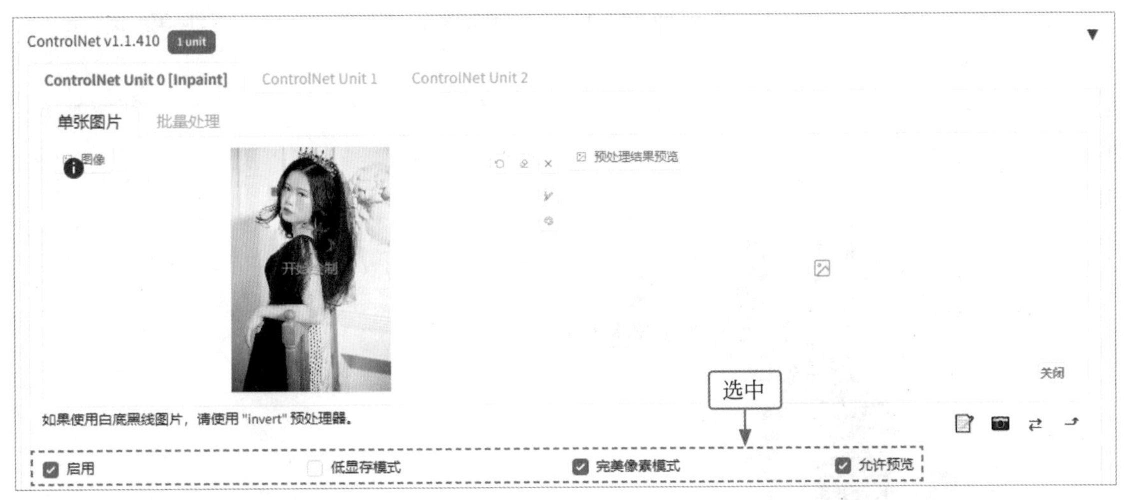

图 5-57　分别选中相应的复选框

03　在 ControlNet 选项区下方，选中“局部重绘”单选按钮，并分别选择 inpaint_only(仅局部重绘) 预处理器和相应的模型，如图 5-58 所示。该模型能够很好地处理局部重绘时接缝处的图像。

控制类型
全部　Canny (硬边缘)　Depth (深度)　NormalMap (法线贴图)　OpenPose (姿态)　MLSD (直线)　Lineart (线稿)
SoftEdge (软边缘)　Scribble/Sketch (涂鸦/草图)　Segmentation (语义分割)　Shuffle (随机洗牌)　Tile/Blur　局部重绘
InstructP2P　Reference (参考)　Recolor (重上色)　Revision　T2I-Adapter　IP-Adapter
预处理器　inpaint_only
模型　control_v11p_sd15_inpaint [ebff9138]　选择
控制权重 1　引导介入时机 0　引导终止时机 1
控制模式
均衡　更偏向提示词　更偏向 ControlNet
缩放模式
仅调整大小　裁剪后缩放　缩放后填充空白
[回送] 自动将生成后的图像发送到此 ControlNet 单元
预设
New Preset

图 5-58　选择预处理器和模型

专家提醒

Inpaint 中提供了 3 种预处理器：inpaint_Global_Harmonious(重绘全局融合算法)、inpaint_only 和 inpaint_only+lama(仅局部重绘 + 大型蒙版)。三者的出图效果整体差异不大，但在环境融合效果上 inpaint_Global_Harmonious 的处理效果最佳，inpaint_only 次之，inpaint_only+lama 则最差。

04 将鼠标指针移至原图上，按住【Alt】键的同时，向上滚动鼠标滚轮，即可放大图像，使用画笔涂抹需要重绘的部分，如图 5-59 所示。

图 5-59　涂抹需要重绘的部分

05 对生成参数进行适当调整，主要选择一种写实风格的采样方法，并将图像尺寸设置为与原图一致，如图 5-60 所示。

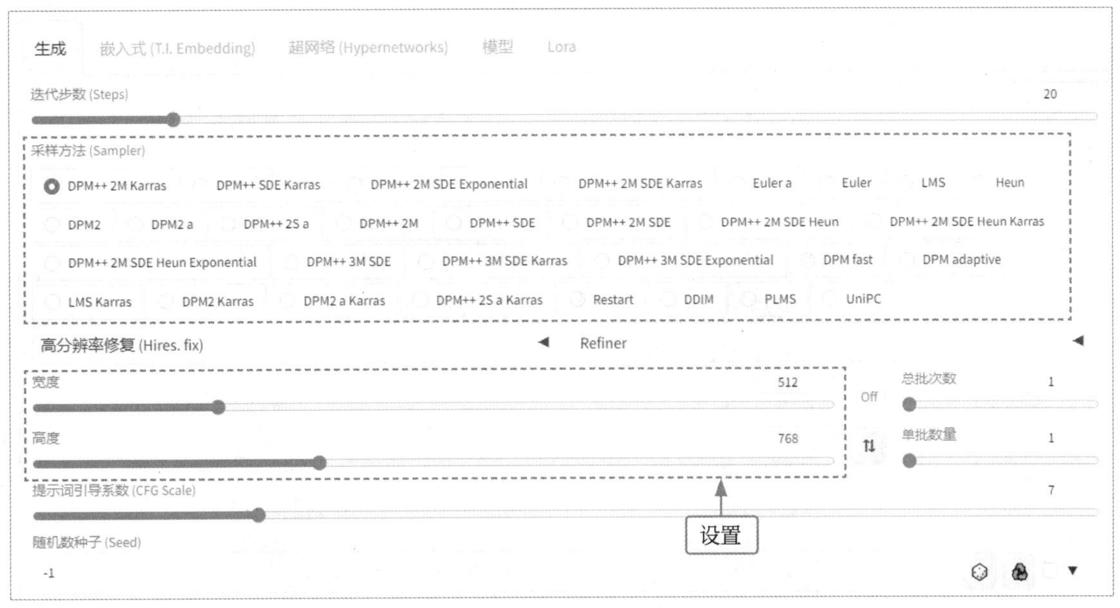

图 5-60　设置参数

06 单击“生成”按钮，即可生成相应的新图，同时人物的黑色头发变成了粉色。原图与效果对比，如图 5-61 所示。图中采用了较低的重绘范围，实现了不错的为人物更换发色的效果，而且原图中的人物发型得到了比较准确的重现。

图 5-61　原图与效果对比

案例实战篇

第 6 章
动漫人物绘制案例实战

在数字艺术和绘画领域中，Stable Diffusion 正逐渐成为创作者的“新宠”，它以强大的绘画能力和高效的工作流程，帮助大家实现了许多看似不可能的创作想法。本章通过一个实操案例，探讨如何使用 Stable Diffusion 来绘制动漫人物，并展示其在创作过程中的实用性。。

6.1 效果欣赏：2.5D 动漫人物

本案例主要介绍 2.5D 动漫人物的绘制技巧，2.5D 动漫是一种独特的艺术形式，它结合了立体造型和动漫人物的特点，创造出极具视觉冲击力的艺术作品，不仅在游戏、动画、漫画等娱乐领域备受欢迎，还广泛应用于广告、教育、设计等领域。本案例的最终效果，如图 6-1 所示。

图 6-1 效果展示

6.2　2.5D 动漫人物的制作技巧

2. 5D 动漫人物是艺术创作中一道亮丽的风景线，它不仅赋予了创作者广阔的想象空间，还给观众带来了无限的乐趣。本节主要介绍使用 Stable Diffusion 制作 2. 5D 动漫人物的基本流程，并深入探讨动漫人物绘制的相关技巧。

扫码看视频

6.2.1　输入提示词并选择大模型

制作 2. 5D 动漫人物，需输入提示词，并通过 2. 5D 动画类大模型来查看提示词的生成效果，具体操作方法如下。

01　进入“文生图”页面，选择一个 2.5D 动画类的大模型，输入提示词，控制 AI 绘画时的主体内容和细节元素，如图 6-2 所示。

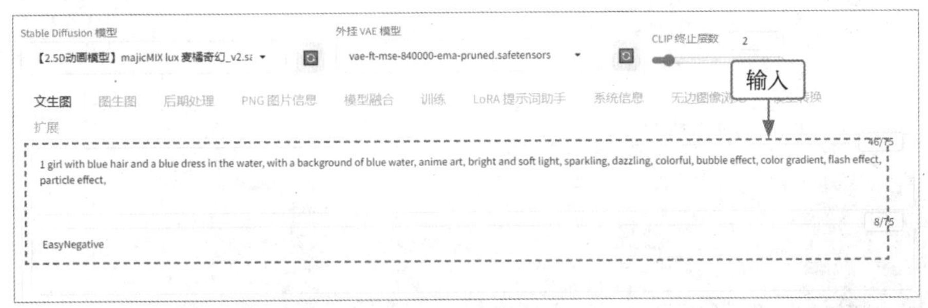

图 6-2　输入提示词

02　适当设置生成参数，单击“生成”按钮，生成相应的图像效果，如图 6-3 所示。画面只是简单还原了提示词的内容，未达到想要的效果。

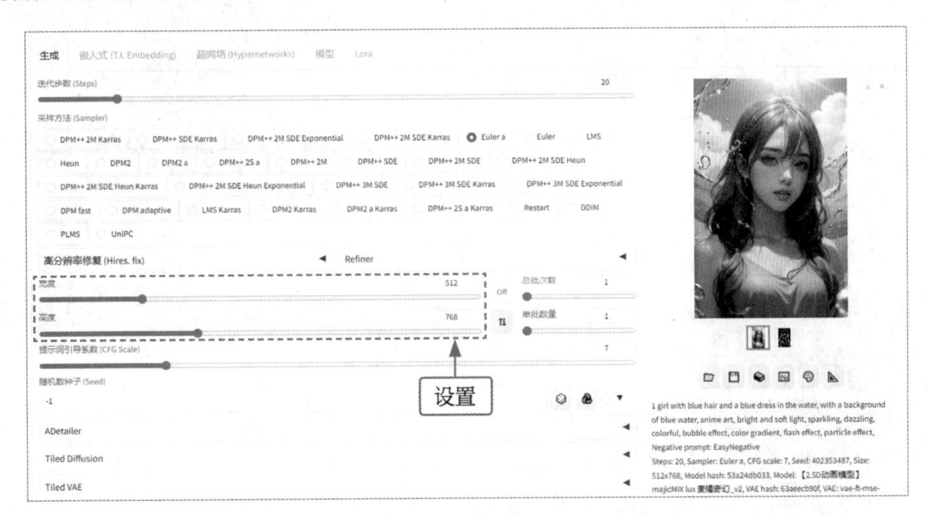

图 6-3　生成图像效果

6.2.2　更换为SDXL 1.0版本的大模型

将大模型更换为 SDXL 1.0 版本（简称 XL），该模型在图像生成功能方面不断提升，能够生成令人惊艳的视觉效果，具体操作方法如下。

01　在“Stable Diffusion 模型”列表框中，选择 SDXL 1.0 版本的大模型，如图 6-4 所示。

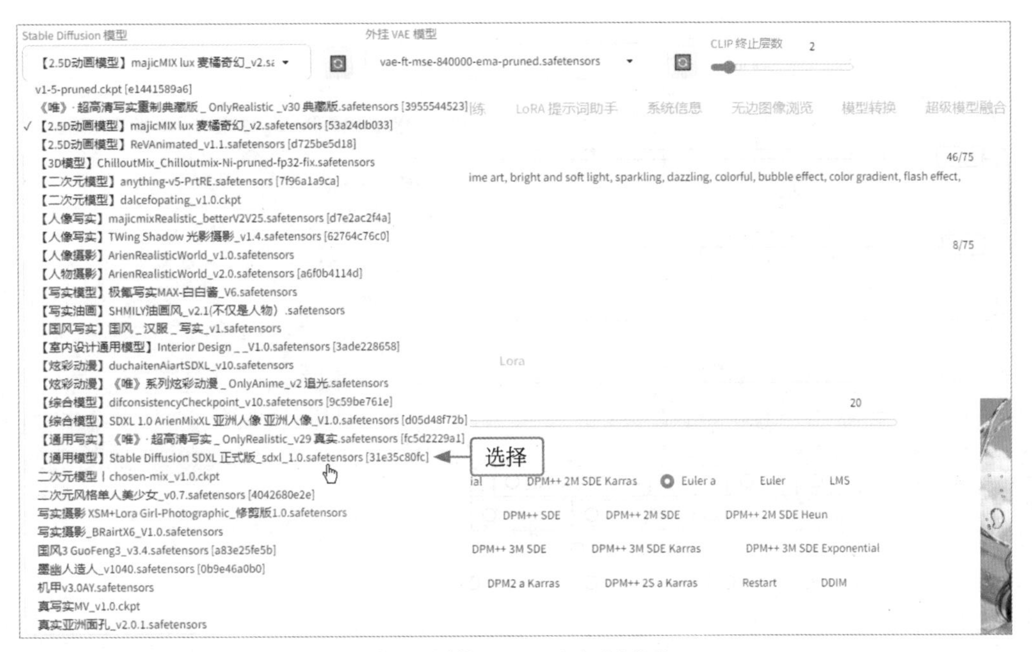

图 6-4　选择 SDXL 1.0 版本的大模型

02　设置“采样方法”为 DPM++ 2M Karras、“宽度”为 768、“高度”为 1024，其他参数保持默认不变，单击“生成”按钮，生成相应的图像效果，如图 6-5 所示。SDXL 1.0 大模型的图像都是基于 1024 × 1024 的分辨率训练的，因此生成的图像尺寸会更大，但由于提示词的原因效果会偏二次元动漫风格。

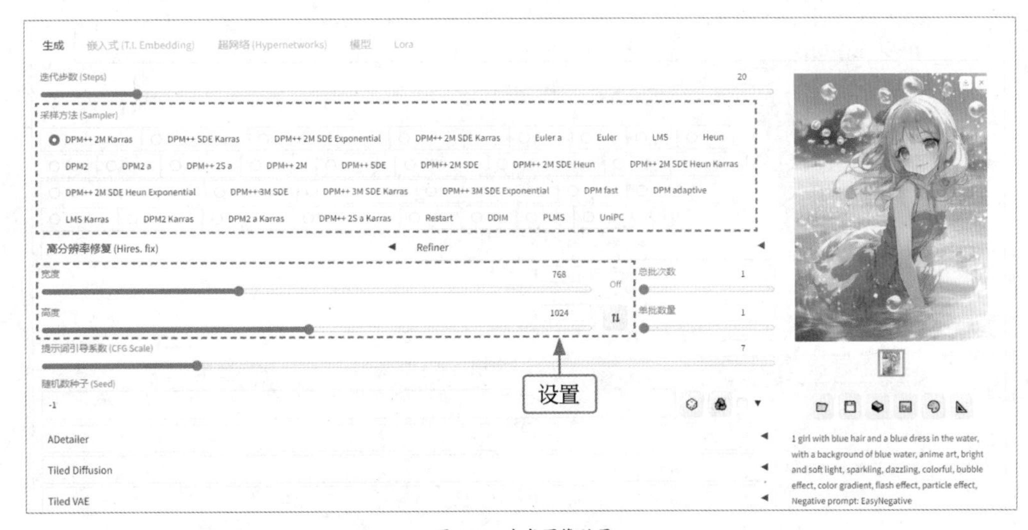

图 6-5　生成图像效果

6.2.3　添加专用的Lora模型

在提示词中添加一个专用的 Lora 模型，主要用于增强 2.5D 动漫的风格和水中的气泡效果，具体操作方法如下。

01　切换至 Lora 选项卡，单击选中的 Lora 模型右上角的 Edit metadata(编辑元数据) 按钮，如图 6-6 所示。

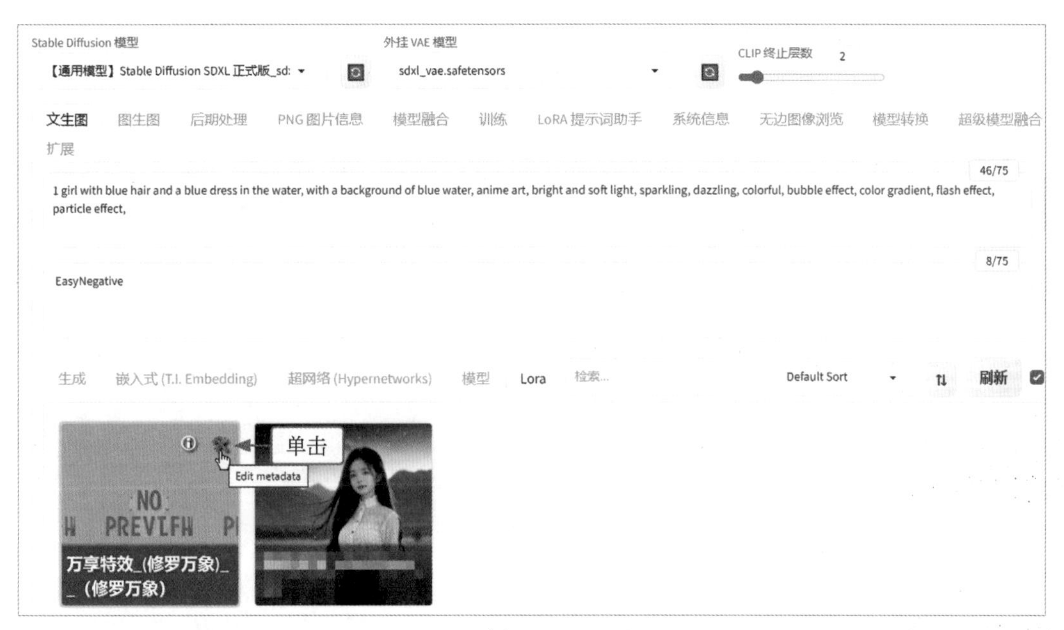

图 6-6　单击 Edit metadata 按钮

02　在弹出的窗口中会显示该 Lora 模型的元数据详情，在“Stable Diffusion 版本”列表框中选择 SDXL 选项，如图 6-7 所示。这样做是为了让 SDXL 1.0 版本的大模型能够识别到该 Lora 模型。

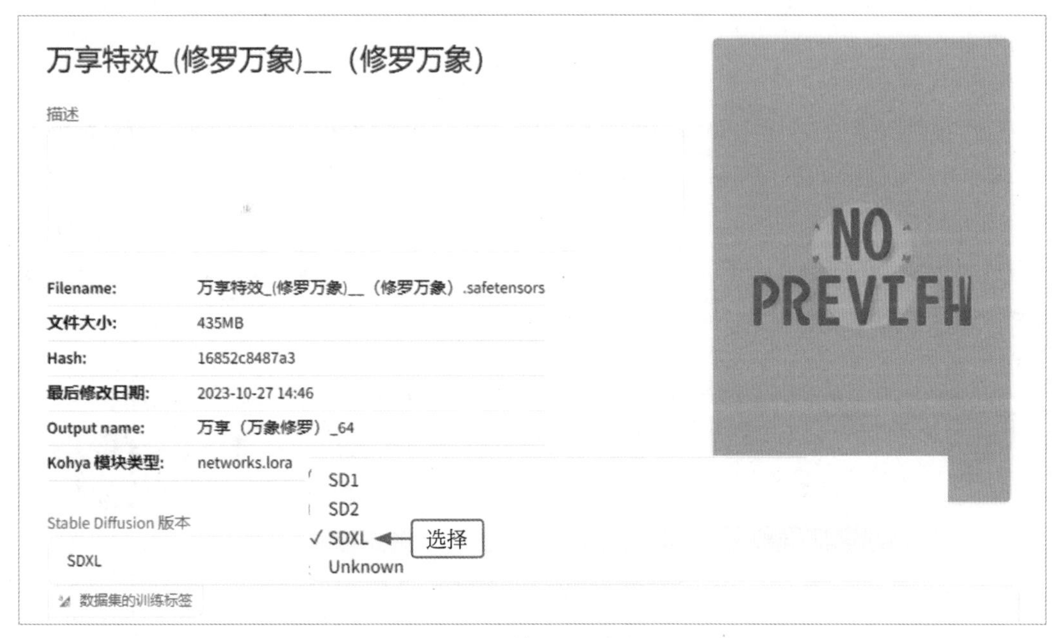

图 6-7　选择 SDXL 选项

03 执行操作后，单击该窗口底部的“保存”按钮，即可保存设置，如图 6-8 所示。

图 6-8 保存设置

专家提醒

注意，这一步要在 v1.5 版本的大模型下操作，改完后再切换为 SDXL 1.0 版本的大模型。因为安装 Lora 模型后，直接在 SDXL 1.0 版本的大模型中无法找到该 Lora 模型。

另外，在 SDXL 1.0 版本的大模型中，用户可以通过在正向提示词和反向提示词中添加关键词来控制画面样式，也可以安装 StyleSelectorXL 扩展插件，将相同的预设样式列表添加到 WebUI 中，从而使用户能够轻松选择和应用不同的样式。

04 将 Lora 模型添加到提示词输入框中，设置权重为 0.8，并适当删减部分提示词，如 anime art(动漫艺术)，避免 AI 出图时画面偏二次元风格，如图 6-9 所示。

图 6-9 修改提示词

6.2.4　生成并放大图像效果

利用 Stable Diffusion 的“后期处理”功能快速放大图像，直接将生成的效果图放大两倍，让图像细节更加清晰，具体操作方法如下。

01　保持其他生成参数不变，单击“生成”按钮，即可生成相应的图像，在图像下方单击 ◣ 按钮，如图 6-10 所示。

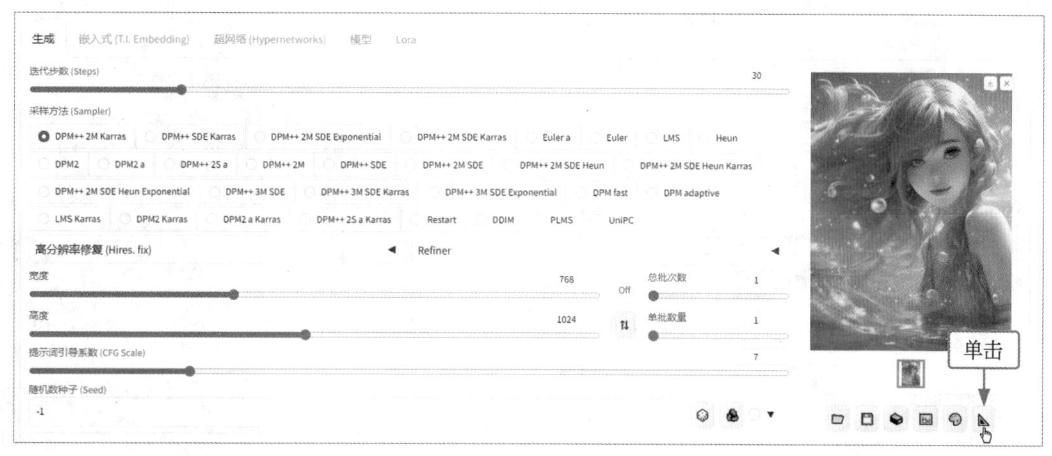

图 6-10　生成图像并处理

02　执行操作后，进入“后期处理”页面，设置“缩放比例”为 2、“放大算法 1”为 R-ESRGAN 4x+ Anime6B，单击“生成”按钮，即可将效果图放大两倍，如图 6-11 所示。

图 6-11　将效果图放大两倍

专家提醒

R-ESRGAN 4x+ Anime6B 是一种适合二次元图像的放大算法，能够赋予图像更多的细节和更高的清晰度，并且对于线条和色彩的呈现也更加优秀。

第 7 章 水墨画绘制案例实战

水墨画是绘画的一种形式，由水和墨调配成不同深浅的墨色画出，是中国传统绘画的代表，以笔墨运用的技法进行创作，体现出“墨韵”。本章通过一个实操案例，探讨如何使用 Stable Diffusion 进行水墨画绘制。

7.1　效果欣赏：梅花水墨画

本案例主要介绍梅花水墨画的绘制技巧，水墨画的颜色以黑白为主，既可以通过简单的线条和墨色表现出简洁明快的画面，也可以通过细腻的笔触和深浅不一的墨色表现出层次感和立体感。本案例的最终效果，如图 7-1 所示。

注意：图中的文字为后期添加，不是 SD 生成的。

图 7-1　效果展示

7.2 梅花水墨画的制作技巧

本节通过详细的步骤讲解，引导读者了解如何使用 Stable Diffusion 进行梅花水墨画的绘制，并介绍一些常用的绘制技巧和方法，激发读者的灵感，开拓读者绘制水墨画的思路。

扫码看视频

7.2.1 输入提示词并选择大模型

制作梅花水墨画，需输入提示词，并通过一个通用类的二次元大模型来查看提示词的生成效果，具体操作方法如下。

01 进入“文生图”页面，选择一个通用类的二次元大模型，输入提示词，控制 AI 绘画时的主体内容和细节元素，如图 7-2 所示。

图 7-2 输入提示词

02 适当设置生成参数，单击“生成”按钮，生成相应的图像效果，如图 7-3 所示。此时，生成的画面效果偏二次元插画风格，并没有出现水墨画的特征。

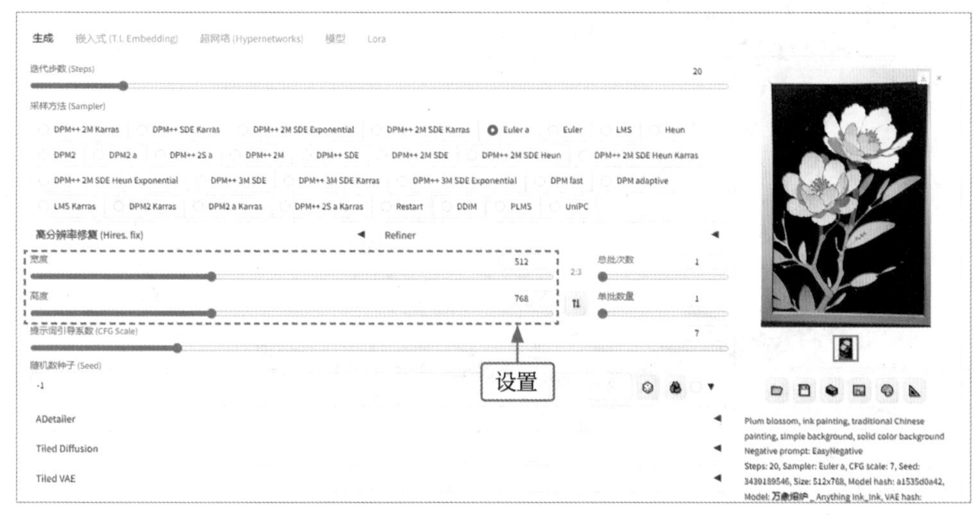

图 7-3 生成图像效果

7.2.2　添加水墨画风格的Lora模型

为水墨画添加一个名为“水墨清华 _v1.0”的 Lora 模型，它能够模拟水墨画风格，具体操作方法如下。

01　切换至 Lora 选项卡，选择“水墨清华 _v1.0”Lora 模型，如图 7-4 所示。该 Lora 模型的训练数据涵盖了大量的水墨画作品，能够生成逼真的水墨画效果。

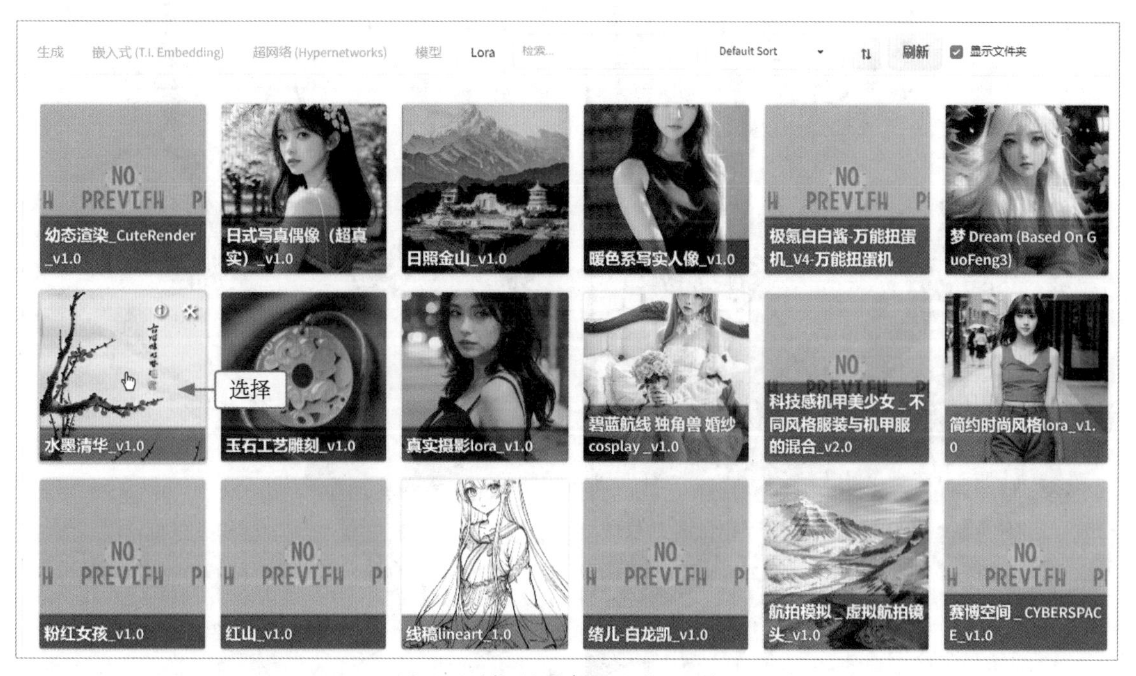

图 7-4　选择“水墨清华 _v1.0”Lora 模型

专家提醒

由于 Lora 会对整个模型产生显著影响，赋予其过高的权重可能会导致画面严重变形，因此使用时需谨慎处理。此外，不同的 Lora 模型对不同图片的干扰程度也各不相同，用户需要进行测试，以确定最佳权重值。

02　执行操作后，即可将该 Lora 模型添加到提示词输入框中，如图 7-5 所示。

图 7-5　将 Lora 模型添加到提示词输入框中

03 单击“生成”按钮，生成相应的图像，这是 Lora 模型权重值为 1 的生成效果，画面比较凌乱，如图 7-6 所示。

04 将 Lora 模型的权重值设置为 0.6，再次单击“生成”按钮，生成相应的图像，画面比较干净，基本达到了出图要求，效果如图 7-7 所示。

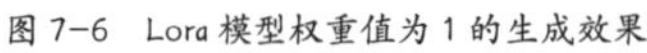

图 7-6　Lora 模型权重值为 1 的生成效果

图 7-7　Lora 模型权重值为 0.6 的生成效果

专家提醒

值得注意的是，当权重值为 0 时，Lora 模型实际上不会对图像产生任何影响；而当权重值增加至 0.8 以上时，图像有可能会出现失真现象。有些 Lora 模型甚至会在权重值为 0.5 时，其画风和背景风格都会发生改变。因此，在实际应用中，我们可以从 0.1 开始逐渐增加 Lora 模型的权重，以测试该 Lora 模型所能承受的图像不失真的极限值。

7.2.3 开启高分辨率修复功能

开启“高分辨率修复”功能，使用 Stable Diffusion 对图像进行扩大，直接生成像素较高的图像，具体操作方法如下。

01 展开“高分辨率修复”选项区，选择 Latent 放大算法，“放大倍数”默认设置为 2，也就是放大两倍，如图 7-8 所示。

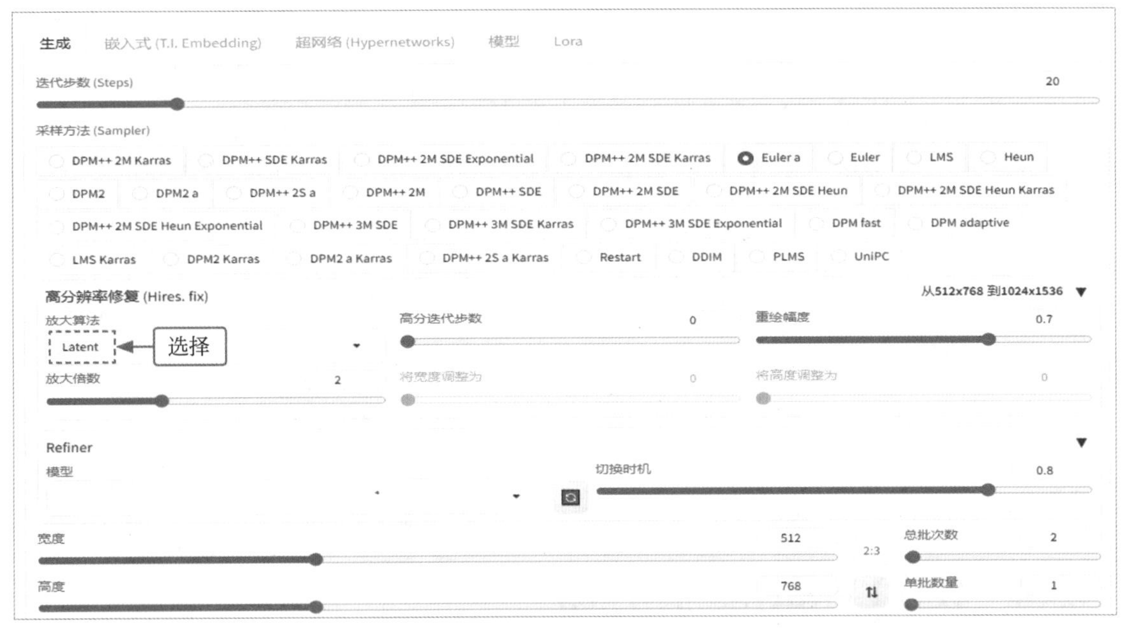

图 7-8　选择 Latent 放大算法

02 设置“总批次数”为 2，单击“生成”按钮，即可同时生成两张图片，画面细节会比之前的生成效果更清晰，效果如图 7-9 所示。

图 7-9　生成两张图片效果

专家提醒

Latent 是一种基于潜在空间的放大算法，可以在潜在空间中对图像进行缩放。它在文本到图像生成的采样步骤之后完成，与图像到图像的转换过程相似。

Latent 放大算法不会像其他升级器那样可能引入升级伪影，因为它的原理与 Stable Diffusion 一致，都是使用相同的解码器生成图像，从而确保图像风格的一致性。Latent 放大算法的不足之处在于它会在一定程度上改变图像，具体取决于重绘幅度（也可以称为去噪强度）的值。通常，重绘幅度值必须高于 0.5，否则会得到模糊的图像。

重绘幅度是指在进行图像生成时，在原始图像上添加的噪点数量。具体而言，重绘幅度值为 0 时，表示不添加任何噪点，即完全不进行重绘；而重绘幅度值为 1 时，则表示整个图像会被随机噪点完全替代，从而产生与原始图像完全无关的新图像。

通常情况下，当重绘幅度值为 0.5 时，会导致颜色和光影发生显著改变；而当该值为 0.75 时，可能会对图像的结构和人物姿态造成明显的改变。因此，通过调整重绘幅度值，可以实现对图像不同程度的再创作。

7.2.4 使用Lineart(线稿)控图

Lineart 与 Canny 的功能大同小异，都可以检测出原图中的线稿，从而对画面构图进行控制，具体操作方法如下。

01 展开 ControlNet 选项区，上传一张原图，分别选中“启用”复选框、“完美像素模式”复选框、“允许预览”复选框，如图 7-10 所示。

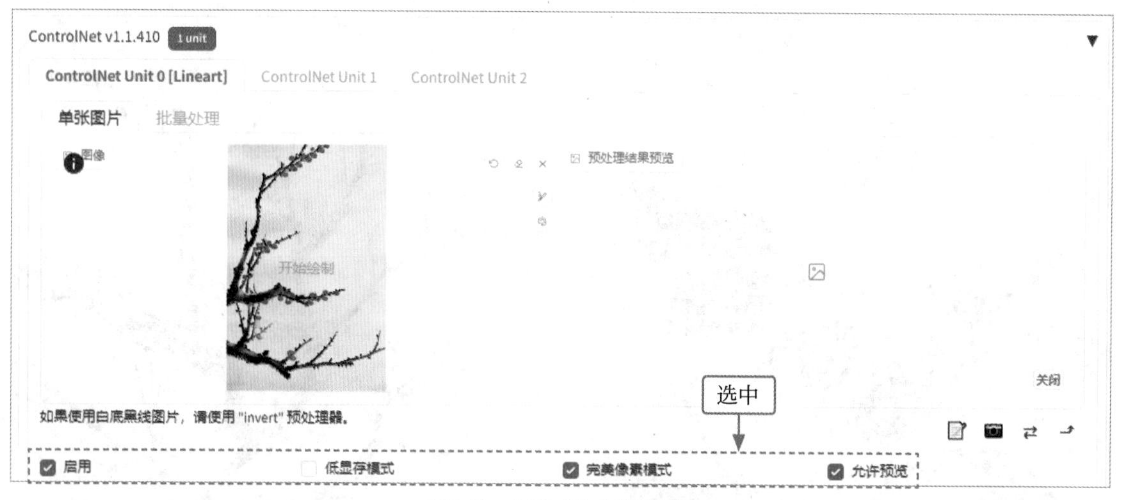

图 7-10 分别选中相应的复选框

02 在 ControlNet 选项区下方，选中“Lineart(线稿)”单选按钮，并分别选择 lineart_standard(from white bg & black line，标准线稿提取 - 白底黑线反色）预处理器和相应的模型，如图 7-11 所示。该模型能够检测出图像的整体框架。

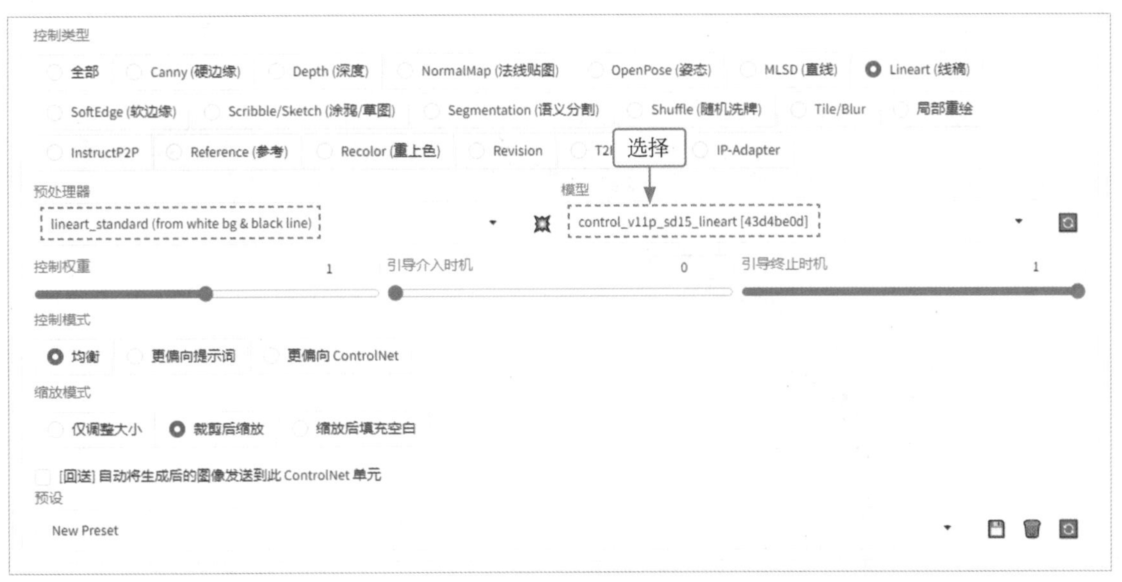

图 7-11　选择预处理器和模型

专家提醒

Lineart 中提供了以下几个预处理器。

(1) Lineart_anime(动漫线稿提取)：用于生成动漫风格的线稿或素描图像。

(2) Lineart_anime_denoise(动漫线稿提取 - 去噪)：用于在应用 Lineart_anime 模型时进行噪声消除或降噪处理。

(3) Lineart_coarse(粗略线稿提取)：用于生成粗糙线稿或素描图像，能够提供更自然的手绘效果。

(4) Lineart_realistic(写实线稿提取)：用于生成写实物体的真实线稿或素描图像，效果更精确、真实。

(5) invert(from white bg&black line，对白色背景黑色线条图像反相处理)：用于将输入的图像进行颜色反转，生成类似于底片反转的效果。

03　单击 Run preprocessor 按钮 ，即可生成线稿轮廓图，能够将白色背景和黑色线条的图像转换为线稿，如图 7-12 所示。

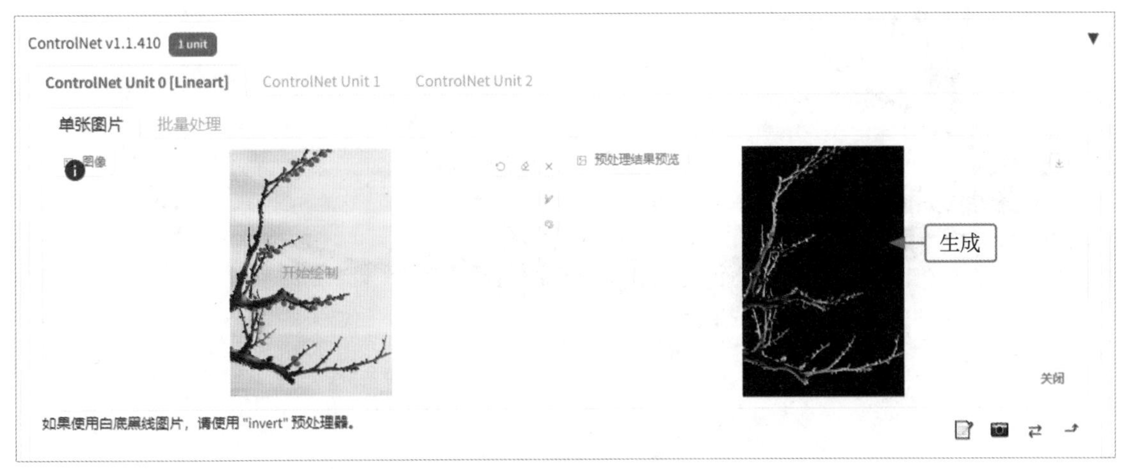

图 7-12　生成线稿轮廓图

04 单击“生成”按钮，即可生成相应的图像，可以根据线稿图来控制画面的构图，使生成的图像更加自然和真实，效果如图 7-13 所示。

图 7-13 生成图像效果

7.3　同类水墨画效果欣赏

用户也可以通过更换提示词，轻松实现更多的水墨画效果，如比较经典的墨竹或者山水画等国画，效果分别如图 7-14 和图 7-15 所示。

图 7-14　墨竹

图 7-15　山水画

第 8 章
AI 摄影照片案例实战

近年来，越来越多的摄影师开始尝试使用 Stable Diffusion 进行摄影创作，这种 AI 创作方式打破了传统摄影技术的局限，为摄影行业带来了新的视觉体验。本章以 AI 照片为主题，通过具体的案例实战，探讨如何使用 Stable Diffusion 进行摄影创作。

8.1　效果欣赏：写实人像照片

本案例主要介绍写实人像照片的生成技巧，激发大家对于 Stable Diffusion 与 AI 摄影的兴趣，鼓励更多的人尝试使用这种新技术进行摄影创作，为摄影行业注入新的活力。本案例的最终效果，如图 8-1 所示。

图 8-1　效果展示

8.2 写实人像照片的制作技巧

通过本节的内容，读者将了解 Stable Diffusion 在 AI 摄影领域的应用和潜力，并掌握使用该技术进行摄影创作的基本方法和技巧。

扫码看视频

8.2.1 输入提示词并选择大模型

制作写实人像照片，需要输入提示词，并通过一个通用写实类的大模型来查看提示词的生成效果，具体操作方法如下。

01 进入“文生图”页面，选择一个写实类的大模型，输入提示词，控制 AI 绘画时的主体内容和细节元素，如图 8-2 所示。

图 8-2 输入提示词

02 适当设置生成参数，单击“生成”按钮，生成相应的图像效果，如图 8-3 所示。画面中的人物具有较强的真实感，但细节不够丰富。

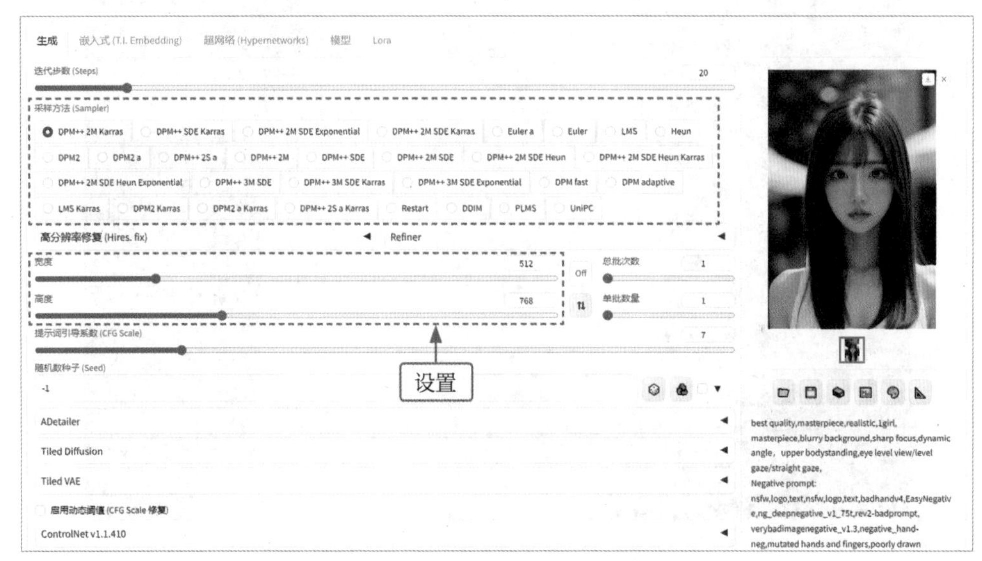

图 8-3 生成图像效果

8.2.2 添加暖色系和真实摄影的Lora模型

在提示词中添加一个暖色系写实人像的 Lora 模型，并叠加一个真实摄影的 Lora 模型，增强画面的暖色调，并提升人像的逼真度，具体操作方法如下。

01 切换至 Lora 选项卡，选择“暖色系写实人像 _v1.0”Lora 模型，如图 8-4 所示。该 Lora 模型能够捕捉到人像的细节和特征，并将其与暖色系风格相融合，生成温暖、柔和的人像效果。

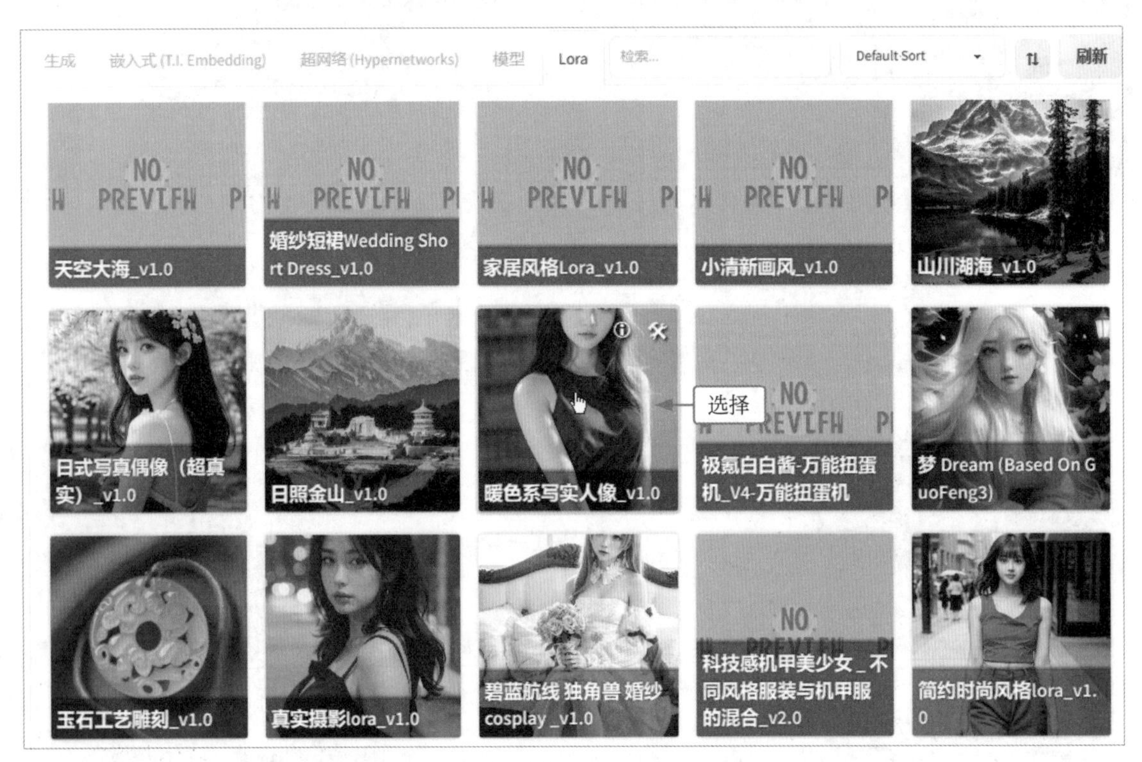

图 8-4 选择“暖色系写实人像 _v1.0”Lora 模型

02 执行操作后，即可将该 Lora 模型添加到提示词输入框中，如图 8-5 所示。

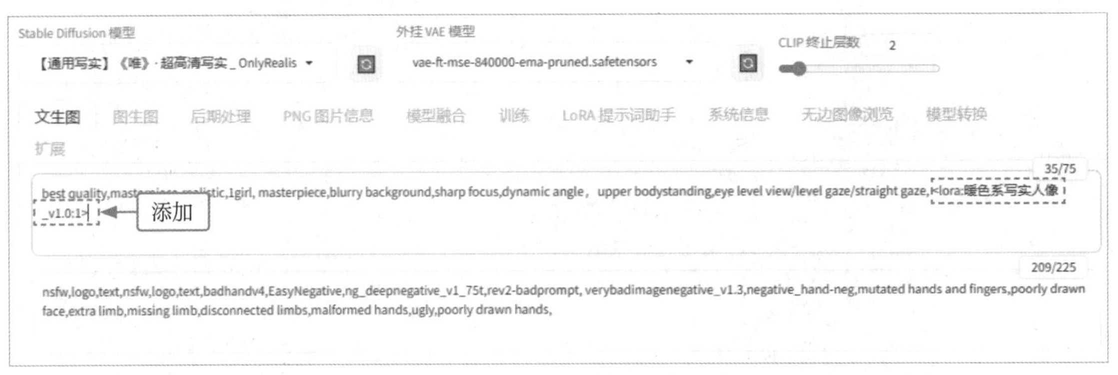

图 8-5 将 Lora 模型添加到提示词输入框中

03 将 Lora 模型的权重值设置为 0.6，单击“生成”按钮，生成相应的图像，此时的画面呈现出暖色调的氛围感，效果如图 8-6 所示。

04 继续添加一个“真实摄影 lora_v1.0”Lora 模型，将其权重值设置为 0.3，再次单击“生成”按钮，生成相应的图像，让人物看上去显得更加真实，效果如图 8-7 所示。

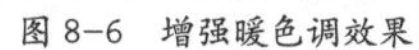

图 8-6　增强暖色调效果

图 8-7　提升人物的真实感效果

8.2.3　用ControlNet控制人物的表情

使用 ControlNet 中的 OpenPose 控制类型来控制人物的表情，具体操作方法如下。

01 展开 ControlNet 选项区，上传一张原图，分别选中“启用”复选框、“完美像素模式”复选框、“允许预览”复选框，如图 8-8 所示。

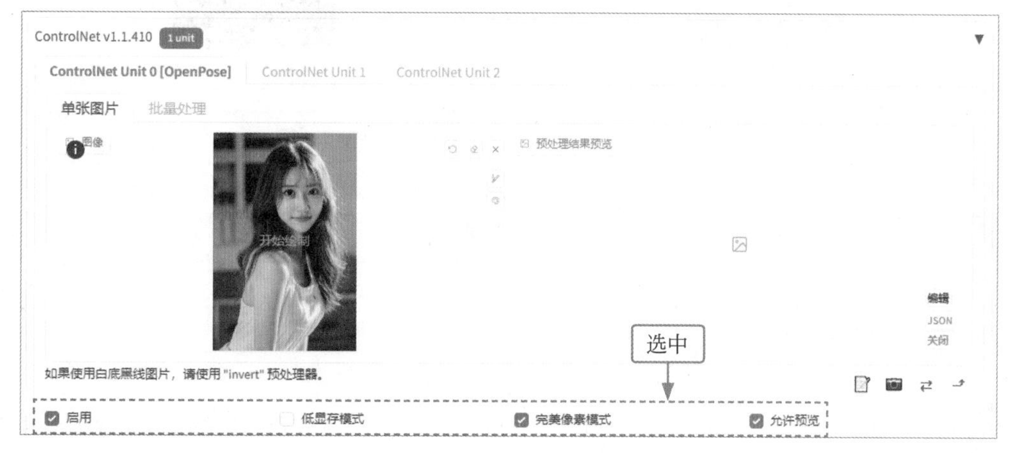

图 8-8　分别选中相应的复选框

02 在 ControlNet 选项区下方，选中“OpenPose(姿态)”单选按钮，并分别选择 openpose_faceonly (OpenPose 仅脸部) 预处理器和相应的模型，如图 8-9 所示。该模型可以通过姿势识别实现对人体动作的精准控制。

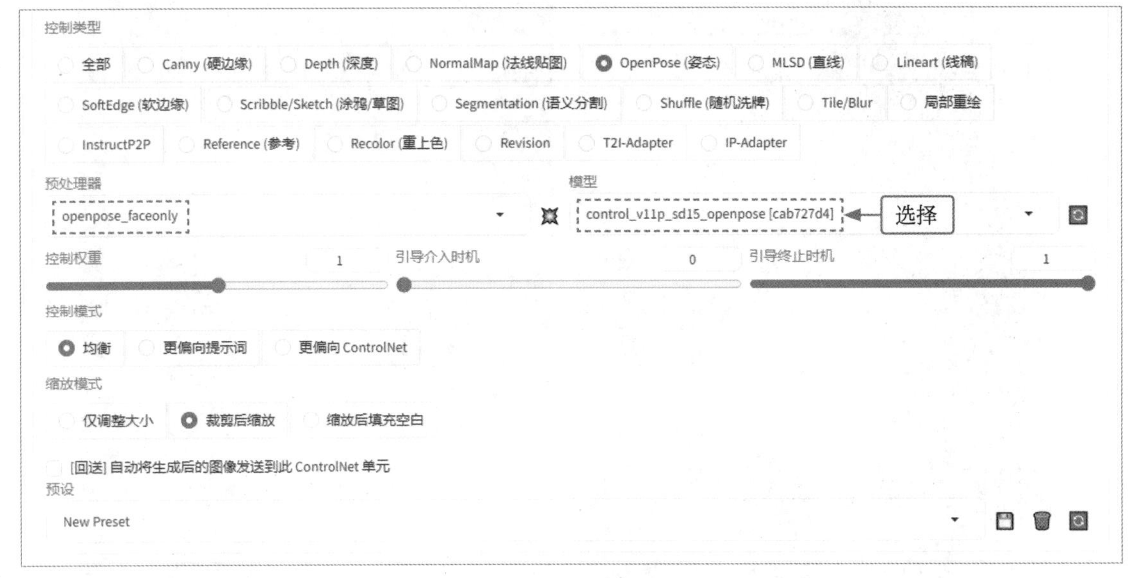

图 8-9 选择预处理器和模型

03 单击 Run preprocessor 按钮，即可检测出人物的面部表情，并将原图中的人物脸型和五官用点描出来，如图 8-10 所示。

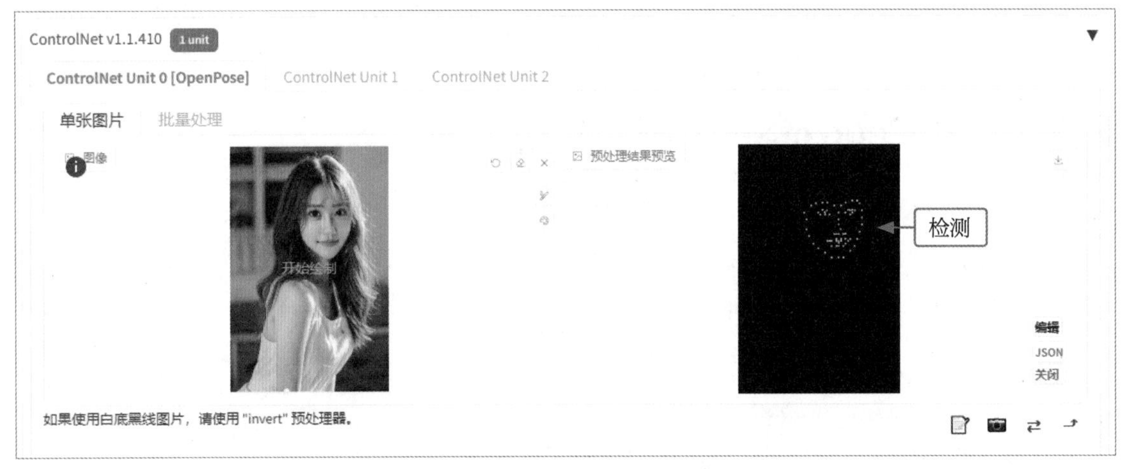

图 8-10 将原图中的人物脸型和五官用点描出来

专家提醒

当用户使用 Lora 模型生成照片时，如果进一步使用 ControlNet 来控制表情，可能会导致生成的照片与 Lora 画的人物不太相似，这是因为 ControlNet 对人物五官和脸型的生成产生了影响。因此，在同时使用 Lora 模型和 ControlNet 插件时，需要注意这种情况。

04 单击两次“生成”按钮，即可生成两张图片，此时画面中的人物表情与原图类似，效果如图 8-11 所示。

图 8-11 控制人物表情的图片效果

8.2.4 批量生成同一人物的不同表情

除了使用 ControlNet 控制人物表情外，用户还可以使用 ADetailer 插件来快速批量生成同一人物的不同表情，具体操作方法如下。

01 在 ControlNet 选项区中，取消选中“启用”复选框，停用 ControlNet 插件，如图 8-12 所示。

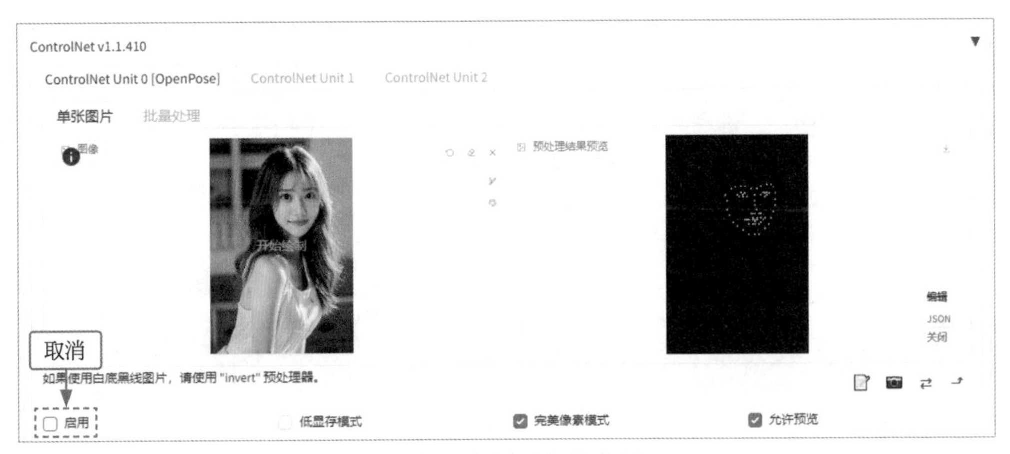

图 8-12 取消选中“启用”复选框

02 单击“生成”按钮，生成相应的图像效果，如图 8-13 所示。

03 复制该图片的 Seed 值，将其填入“随机数种子”文本框内，固定种子值，如图 8-14 所示。

图 8-13 生成图像效果

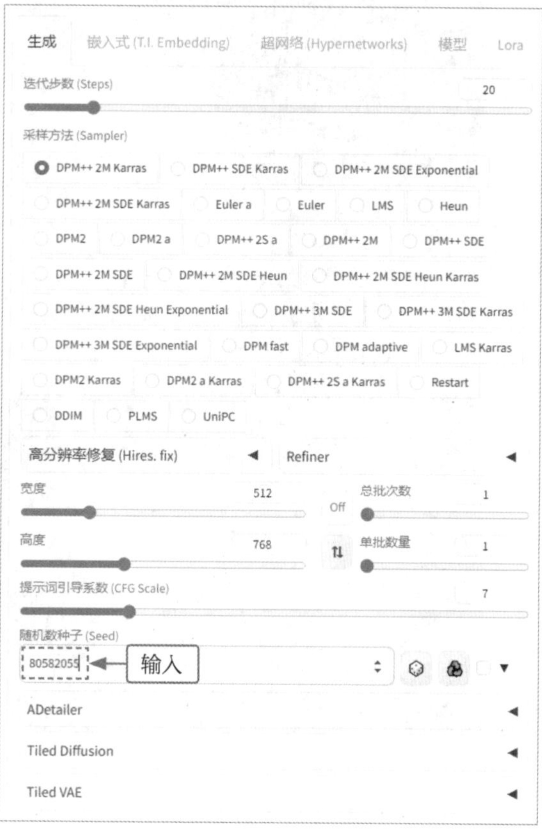

图 8-14 固定种子值

04 展开 ADetailer 选项区，选中“启用 After Detailer”复选框，在“After Detailer 模型”列表框中选择 mediapipe_face_full 模型（该模型适用于写实人像的面部修复），并在下方输入相应的表情提示词，如 smile(微笑)，如图 8-15 所示。

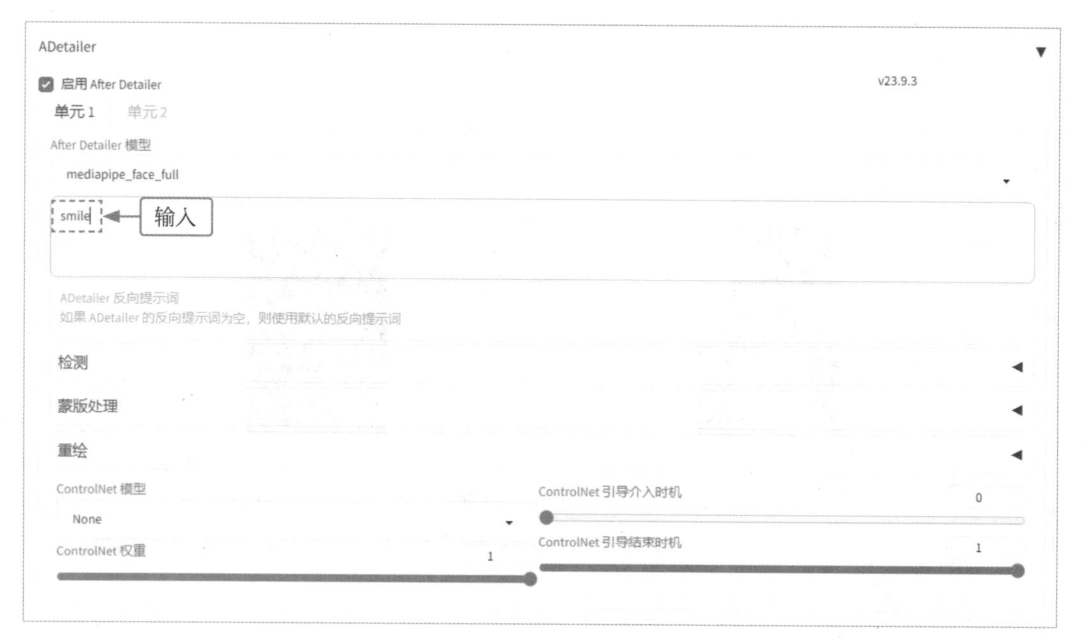

图 8-15 输入表情提示词

05 单击“生成”按钮，生成微笑的人物表情，更换表情提示词，还可以生成其他的人物表情，效果如图 8-16 所示。

图 8-16　同一人物生成不同表情的效果

专家提醒

ADetailer(全称为 After Detailer)插件除了能显著改善人物脸部，还能对人物的手部和全身进行优化。在“After Detailer 模型”列表框中，不同模型的适用对象如下。

- face_yolov8n.pt 模型，适用于 2D/ 真实人脸。
- face_yolov8s.pt 模型，适用于 2D/ 真实人脸。
- hand_yolov8n.pt 模型，适用于 2D/ 真实人手。
- person_yolov8n-seg.pt 模型，适用于 2D/ 真实人物全身。
- person_yolov8s-seg.pt 模型，适用于 2D/ 真实人物全身。
- mediapipe_face_full 模型，适用于真实人脸。
- mediapipe_face_short 模型，适用于真实人脸。
- mediapipe_face_mesh 模型，适用于真实人脸。

8.2.5 保持人物形象的同时更换背景

使用 ControlNet 中的 Reference(参考)控制类型来更换人物的背景，同时保持人物形象不变，具体操作方法如下。

01 展开 ControlNet 选项区，上传一张原图，分别选中“启用”复选框、“完美像素模式”复选框、“允许预览”复选框，如图 8-17 所示。

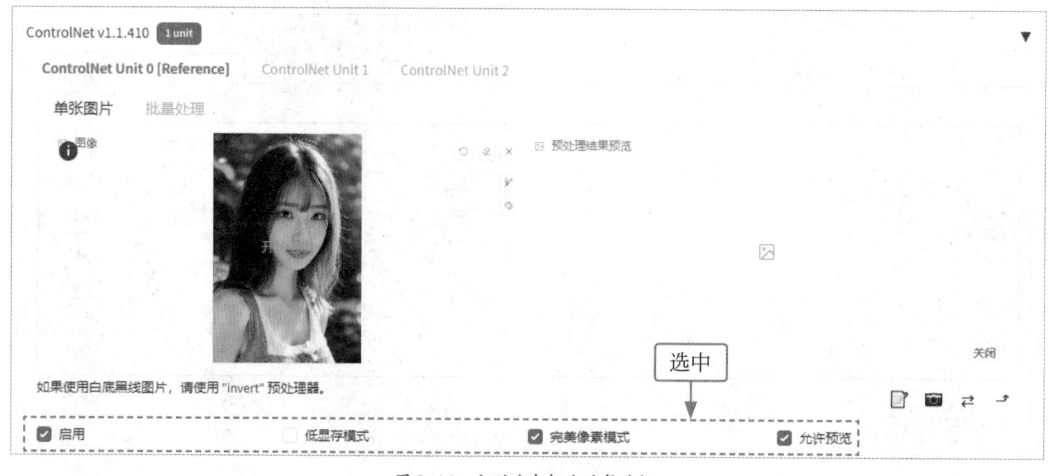

图 8-17 分别选中相应的复选框

02 在 ControlNet 选项区下方，选中“Reference(参考)”单选按钮，并选择 reference_only(仅参考输入图)预处理器，如图 8-18 所示。这个预处理器的最大作用是通过一张给定的参考图可以延续生成一系列相似的图片，这样就为我们给同一个角色生成系列图提供了可能。

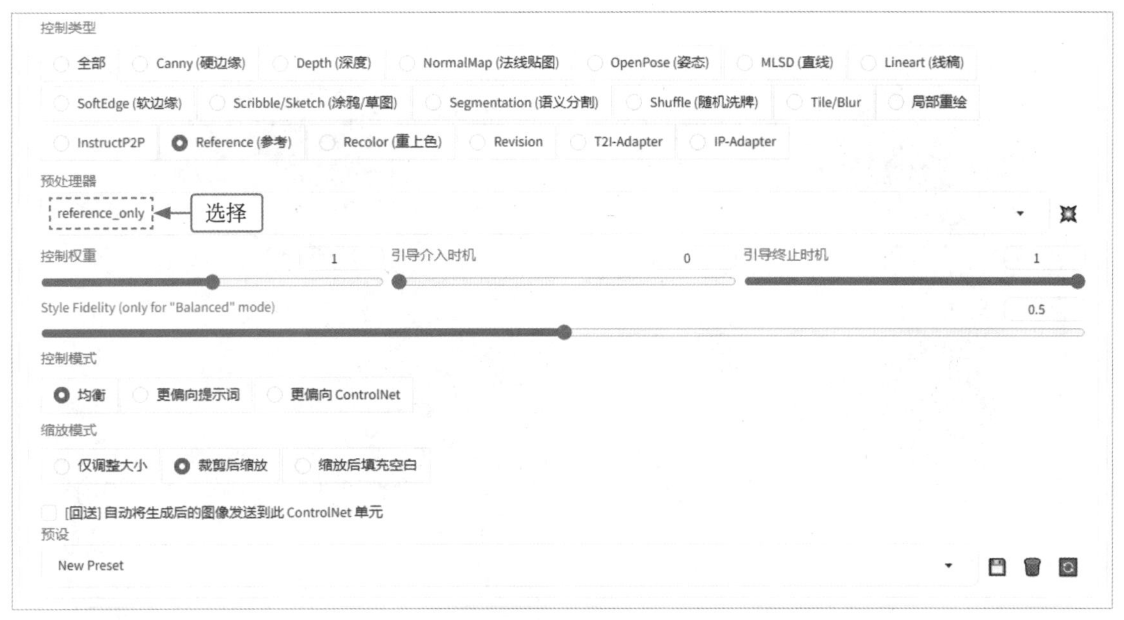

图 8-18　选择预处理器

专家提醒

需要注意的是，使用 Reference 控图时一定要选择“均衡”控制模型，这样才能让人物形象尽量保持一致。同时，Style Fidelity(only for "Balanced" mode)(样式保真度 (仅适用于“平衡”模式)) 的值越高，对图片的影响就越强。

03　单击 Run preprocessor 按钮 ，即可对原图进行预处理，用于固定人物的脸型，如图 8-19 所示。

图 8-19　对原图进行预处理

04　在提示词的后面添加一些背景环境的提示词，单击“生成”按钮，即可生成不同背景下的系列人物图片，效果如图 8-20 所示。

Street(街道)

Blue sky and white clouds(蓝天白云)

Forest(森林)

Water's edge(水边)

图 8-20　生成不同背景下的系列人物图片

8.2.6　修复人物脸部并高清放大图像

在生成人物照片时，建议大家使用 ADetailer 插件来修复人物脸部，并通过 Tiled　Diffusion 插件来放大图像，生成清晰的图像效果，具体操作方法如下。

01　展开 ADetailer 选项区，选中“启用 After Detailer”复选框，启用该插件，不需要输入提示词，如图 8-21 所示。

图 8-21　启用 After Detailer 插件

02　其他生成参数保持不变，单击“生成”按钮，即可生成相应的图像，在图像下方单击按钮，如图 8-22 所示。

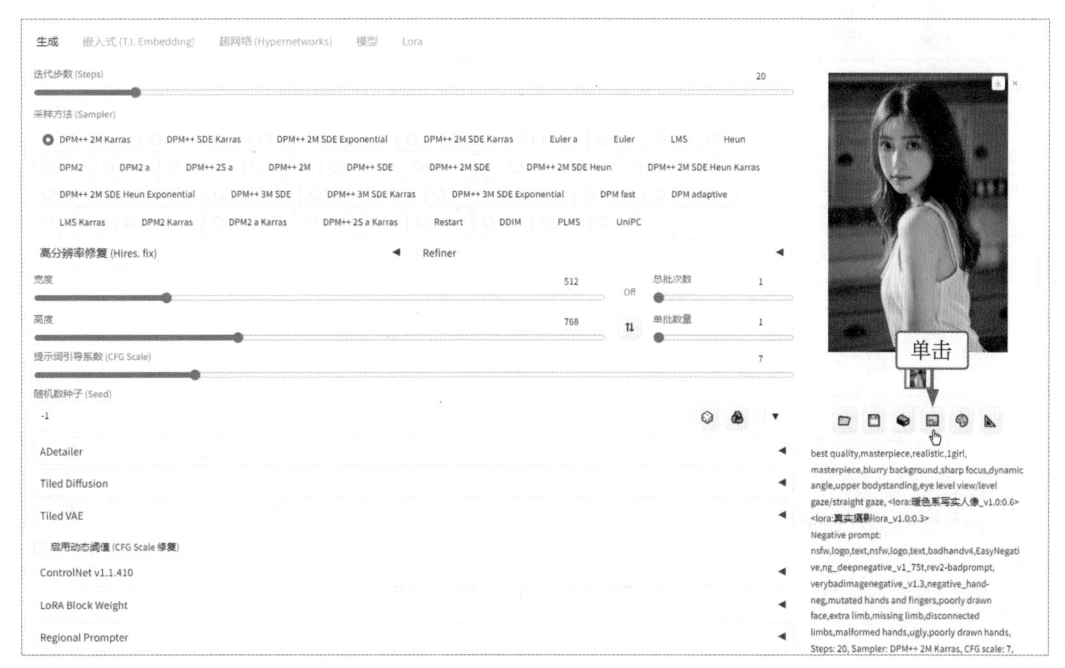

图 8-22　生成图像并重绘

03 在页面下方设置“重绘幅度”为 0.5，让出图效果尽量与原图保持一致，如图 8-23 所示。

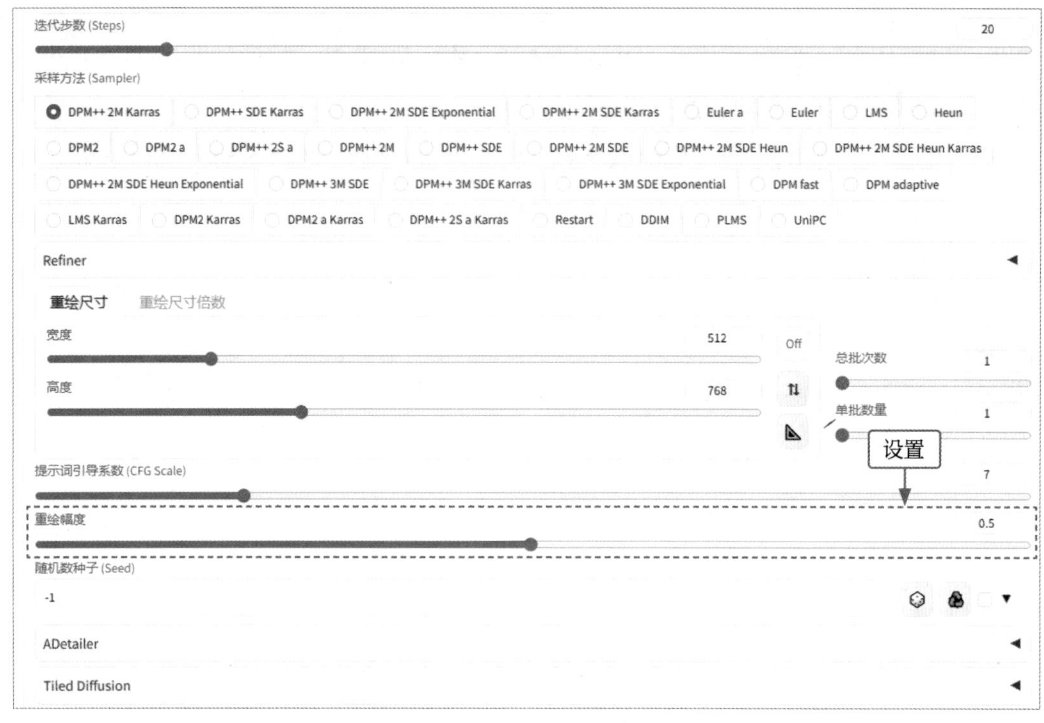

图 8-23 设置“重绘幅度”参数

04 再次展开 ADetailer 选项区，选中“启用 After Detailer”复选框，启用该插件，不需要输入提示词，如图 8-24 所示。设置后确保在图生图中放大图像时保持人物脸部不会变形。

图 8-24 选中“启用 After Detailer”复选框

05 展开 Tiled Diffusion 选项区，选中“启用 Tiled Diffusion”复选框，开启 Tiled Diffusion 插件，选择 4x-UltraSharp 放大算法，这个算法的响应速度快、放大效果好。将“放大倍数”设置为 2，表示将原图放大两倍，如图 8-25 所示。

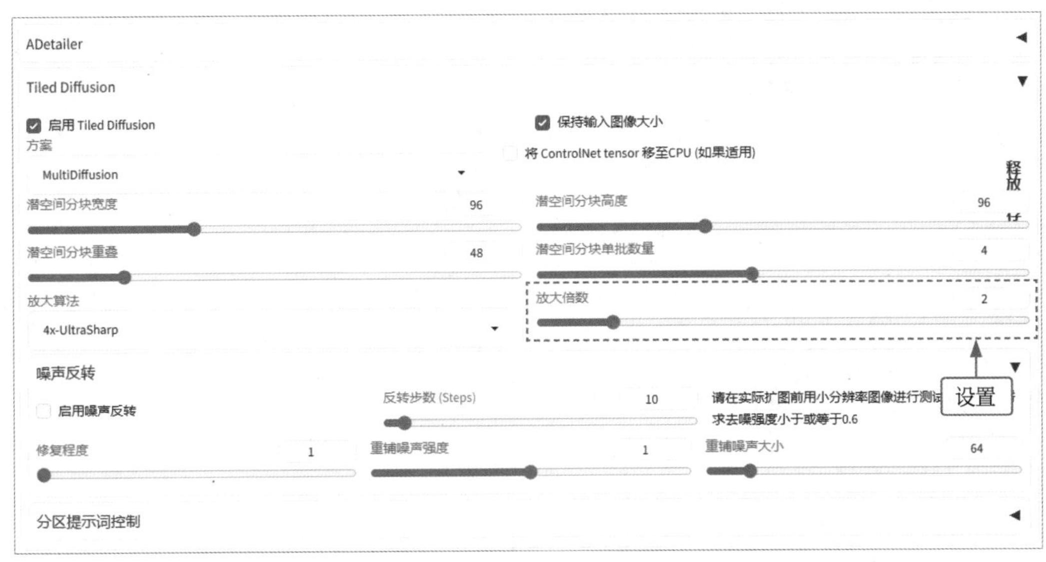

图 8-25　设置“放大倍数”参数

06 单击“生成”按钮，即可高清放大图像，从图像下方的生成参数中可以看到，Size(大小) 已经变成了 1024×1536 的分辨率，刚好是原图分辨率 (512×768) 的两倍，效果如图 8-26 所示。

图 8-26　放大图像效果

第9章 商业海报设计案例实战

在当今竞争激烈的市场环境中，商业海报设计的重要性日益凸显。一张富有创意和吸引力的海报，往往能有效地传达品牌信息，激发消费者的兴趣，提升企业或产品的市场竞争力。本章介绍使用 Stable Diffusion 设计商业海报的实战案例，希望能够为大家提供一些设计灵感。

9.1　效果欣赏：单反相机广告

本案例主要介绍单反相机广告海报的生成技巧，利用 Stable Diffusion 独特的图像生成能力，可以创造出极具吸引力的视觉效果，有效地传达品牌信息。本案例的最终效果，如图 9-1 所示。

图 9-1　效果展示

9.2 单反相机广告的制作技巧

本节通过 Stable Diffusion 这一 AI 技术的运用，深入探讨单反相机广告海报的制作技巧，希望能为广告从业者提供一些有价值的参考，帮助大家制作出更具吸引力和创意性的广告效果。

扫码看视频

9.2.1 使用自动翻译插件输入提示词

Stable Diffusion 的提示词通常都是一大片英文，对于用户来说比较麻烦，此时可以使用自动翻译插件来解决这个难题，具体操作方法如下。

01 进入“扩展”页面，切换至“可下载”选项卡，单击“加载扩展列表”按钮，搜索 prompt-all(全称为 prompt-all-in-one)，单击相应插件右侧的“安装”按钮，如图 9-2 所示。

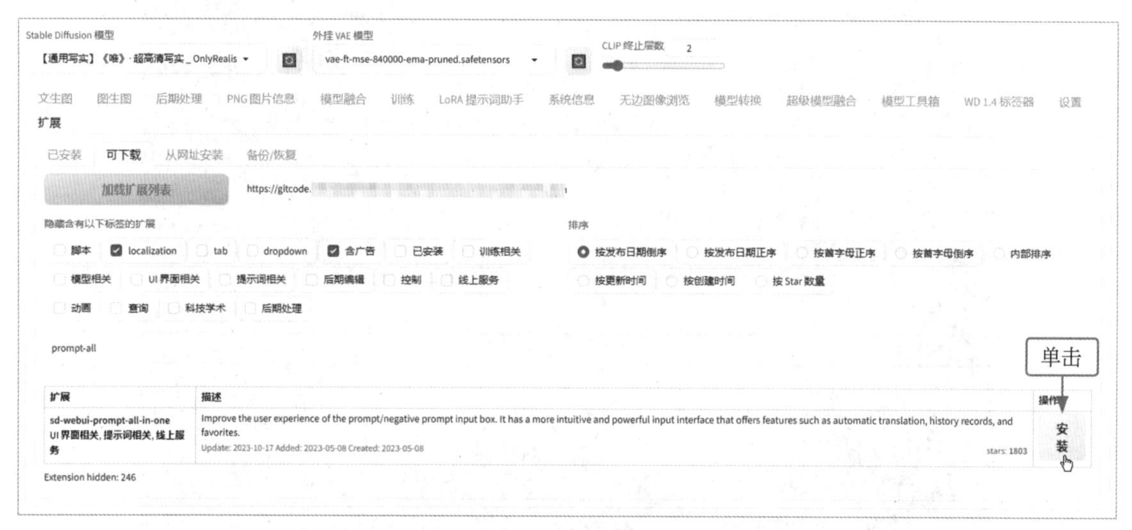

图 9-2 搜索并安装 prompt-all-in-one 插件

02 插件安装完成，切换至“已安装”选项卡，单击“应用更改并重启”按钮，重启 WebUI，如图 9-3 所示。

图 9-3 单击“应用更改并重启”按钮

03 执行操作后，进入“图生图”页面，可以看到提示词输入框的下方显示了自动翻译插件，单击“设置”按钮，在弹出的工具栏中单击“翻译接口”按钮，如图 9-4 所示。

图 9-4　单击“翻译接口”按钮

04 执行操作后，弹出相应的对话框，单击“翻译接口”右侧的下拉按钮，如图 9-5 所示。

05 执行操作后，在弹出的列表框中可以选择翻译接口，如这里使用的百度翻译，如图 9-6 所示。用户也可以更换为自己喜欢的其他翻译接口，单击“保存”按钮保存设置即可。

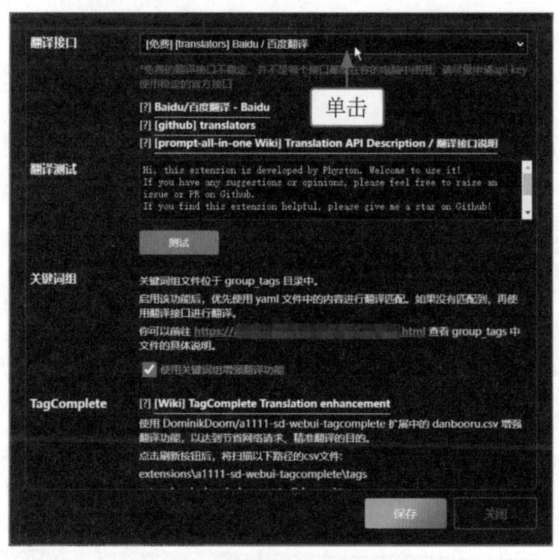

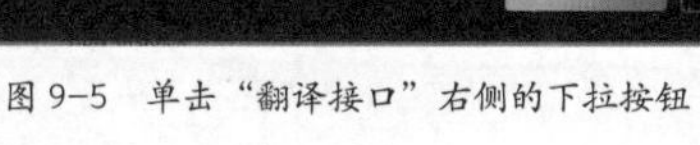
图 9-5　单击“翻译接口”右侧的下拉按钮

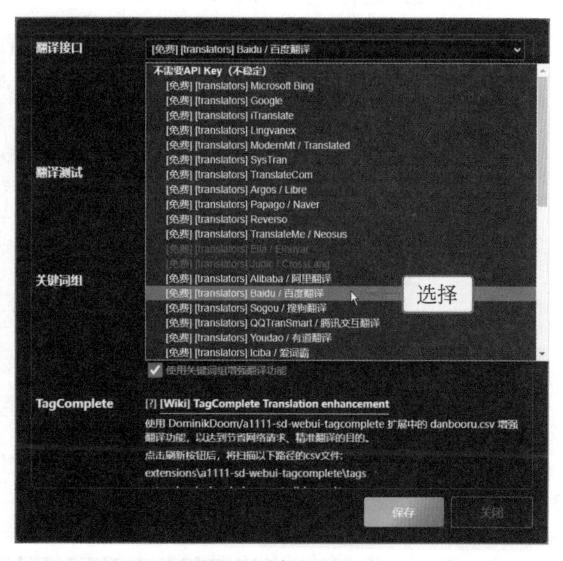

图 9-6　选择翻译接口

06 在插件右侧的“请输入新关键词”文本框中，输入中文提示词，如“蓝色的星空背景，单反相机”，按回车键确认，即可自动翻译成英文并填入提示词输入框中，如图 9-7 所示。

图 9-7　自动翻译中文提示词

07　使用相同的操作方法，输入反向提示词，主要用于避免生成低画质的图像，如图 9-8 所示。

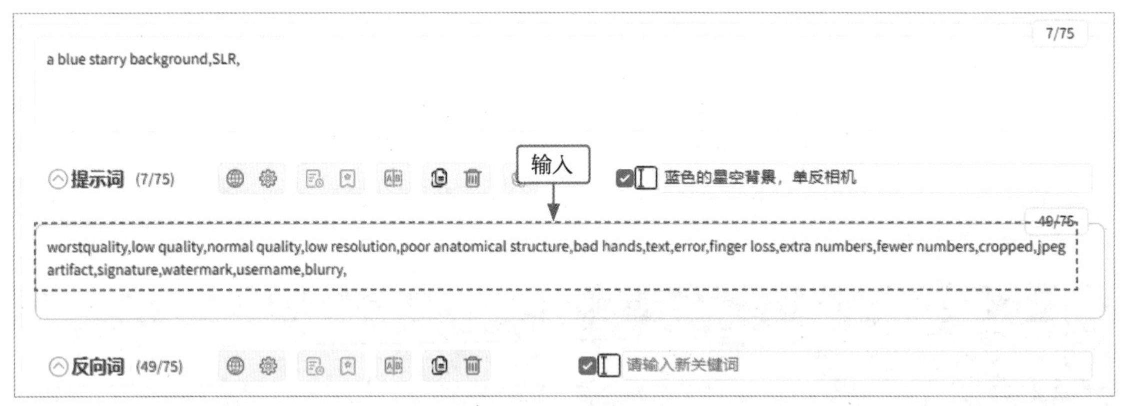

图 9-8　输入反向提示词

prompt-all-in-one 是一款非常实用的 AI 绘画提示词插件，它的主要功能是改善正向提示词和反向提示词输入框的用户体验。通过这个插件，用户可以更加直观和高效地输入提示词，从而获得更好的 AI 绘画生成结果。

prompt-all-in-one 会自动将提示词翻译成相应的语言，并填写到提示词输入框中。用户也可以直接在提示词输入框中输入中文词汇，然后单击按钮将其一键翻译为英文。

9.2.2　选择大模型进行图生图

接下来要通过使用一个写实类的大模型，并结合图生图功能，来初步生成单反相机广告图片，具体操作方法如下。

01 在“图生图”页面中，选择一个写实类的大模型，提升 AI 出图效果的真实感，如图 9-9 所示。

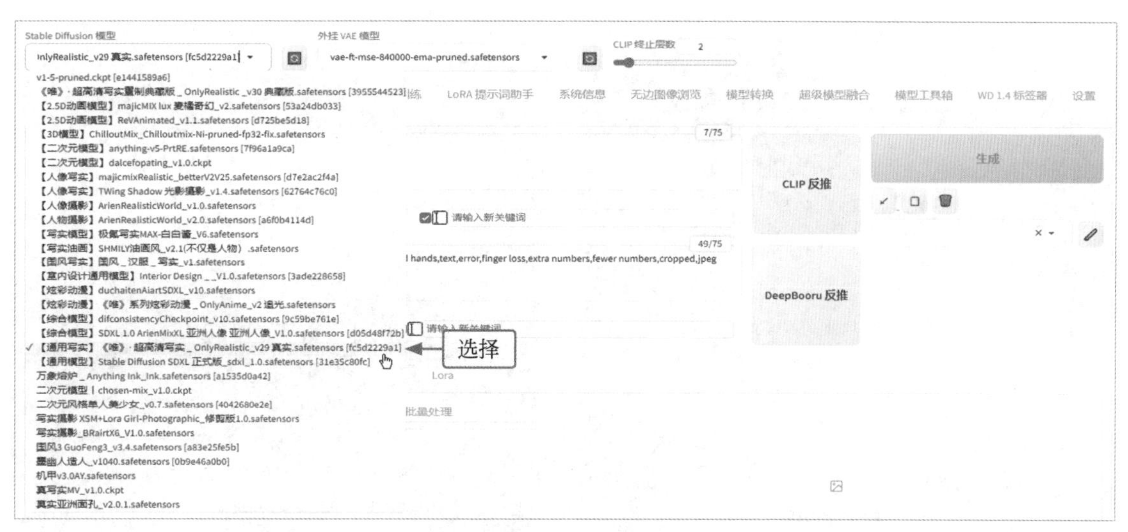

图 9-9　选择写实类的大模型

02 在页面下方的“图生图”选项卡中，上传一张原图，作为 AI 绘画时的参考图像，如图 9-10 所示。

03 单击 ◣ 按钮自动设置宽度和高度参数，将重绘尺寸调整为与原图一致，设置“采样方法”为 DPM++ 2M Karras、“总批次数”为 2、“重绘幅度”为 0.6，让 AI 绘画的出图效果更接近原图，如图 9-11 所示。

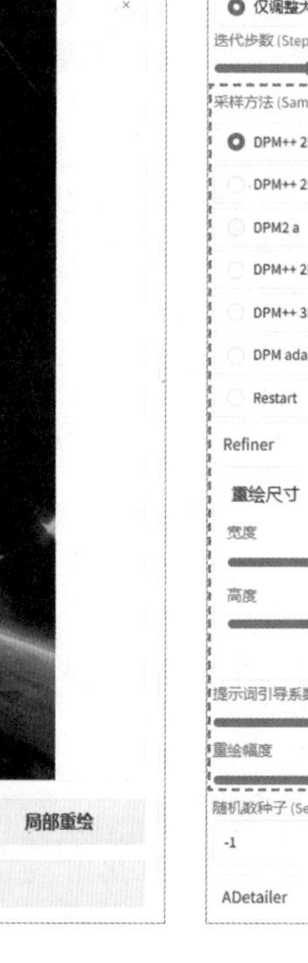

图 9-10　上传一张原图

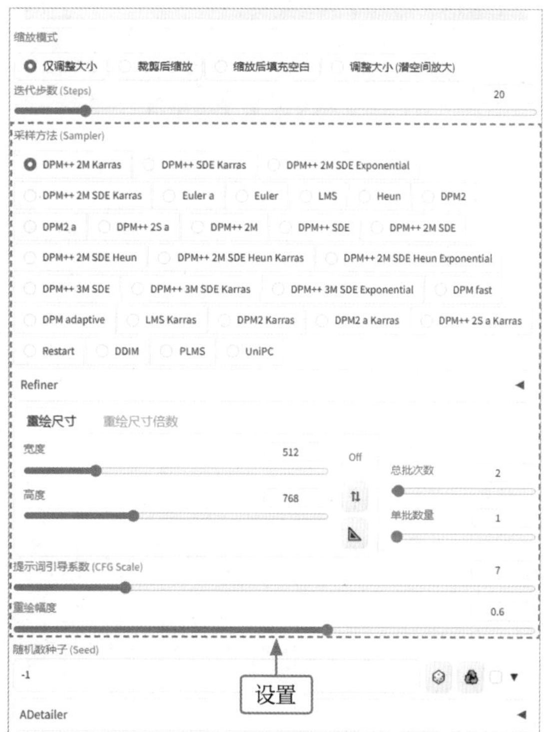

图 9-11　设置参数

04 单击“生成”按钮，即可生成相应的新图，整体上保持了原图的构图和元素，效果如图 9-12 所示。

图 9-12　生成的新图效果

专家提醒

DPM 和 DPM++ 是两款针对扩散模型设计的采样器，它们有着相似的架构，但 DPM++ 在 DPM 的基础上进行了改进，出图的速度更快、质量也更好。

在带 Karras 标签的采样器中，采用了 Karras 论文推荐的噪声调度方案。这种方案在采样结束阶段将“噪声减小步长”设置得更小，从而提升了图像的质量。

9.2.3　添加模拟银河效果的Lora模型

在提示词中添加一个模拟银河效果的 Lora 模型，增加广告背景效果的精美度，具体操作方法如下。

01 切换至 Lora 选项卡，选择“银河 _the Milky Way_ 天の川 _v1.0”Lora 模型，即可将该 Lora 模型添加到提示词输入框中，并将 Lora 模型的权重值设置为 0.8，如图 9-13 所示。

图 9-13 添加 Lora 模型并设置权重值

02 单击“生成”按钮，生成相应的图像，画面背景中的星空和银河会更加明显，效果如图 9-14 所示。

图 9-14 生成图像效果

9.2.4 使用Tiled VAE放大图像效果

Tiled VAE 的基本原理，首先是对图像进行分块，然后分别送入 Stable Diffusion 模型，最后进行融合并生成超高清大图，具体操作方法如下。

01 展开Tiled Diffusion选项区，选中“启用Tiled Diffusion”复选框，开启Tiled Diffusion插件，选择R-ESRGAN 4x+ 放大算法，如图 9-15 所示。将“放大倍数”设置为 4，表示将原图放大 4 倍，使用该算法将原图放大后，仍能充分保留原图细节的连贯性。

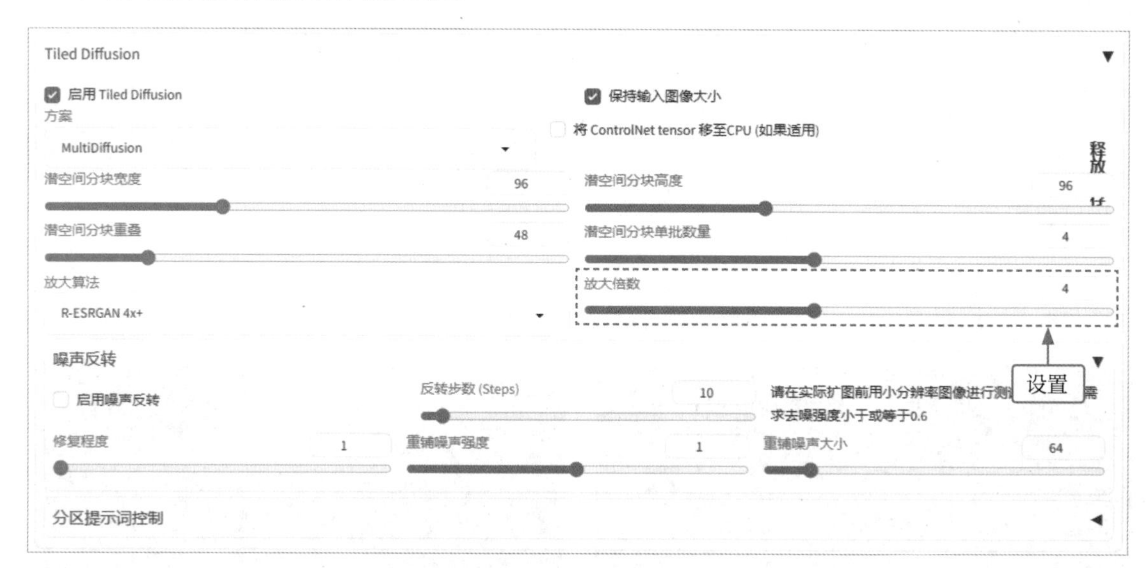

图 9-15 设置“放大倍数”参数

专家提醒

R-ESRGAN 4x+ 放大算法的运作原理，是通过将图片切分为小块，并利用生成式对抗网络算法进行局部运算，再进行统一拟合。这使得它比系统自带的其他放大算法更加高效，并能增加细节纹理，提升图像质量。

R-ESRGAN 4x+ 放大算法的一个小缺点，是生成的大图总会显现出一种规则感，类似于手绘风格，缺少些许自然的纷乱感，使其真实性稍显不足。

02 展开 Tiled VAE 选项区，选中“启用 Tiled VAE”复选框，开启 Tiled VAE 插件，设置“编码器分块大小”为 1536、“解码器分块大小”为 128，适当减小编码器分块大小和潜空间分块单批数量，避免出现显存不足的情况，如图 9-16 所示。

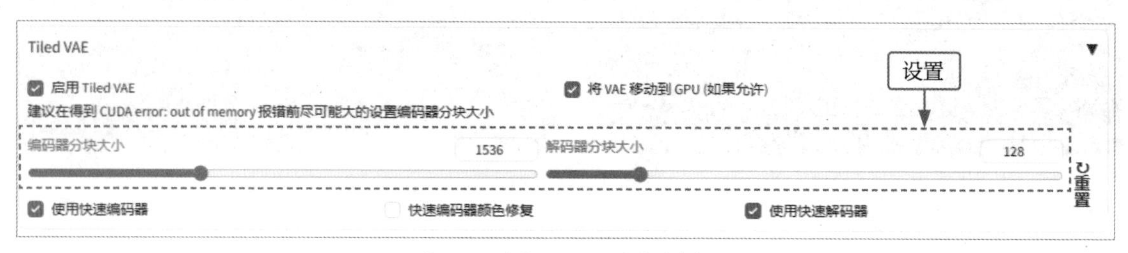

图 9-16 设置 Tiled VAE 插件的参数

专家提醒

Tiled Diffusion + Tiled VAE 的主要作用，是让显存低至 4GB ~ 6GB 的 GPU，能够实现放大 2K、4K 甚至 8K 图片的能力，从而帮助用户摆脱硬件设备不足的困扰。

03 单击“生成”按钮，即可直接生成分辨率为 2048×3072 的图像，效果如图 9-17 所示。

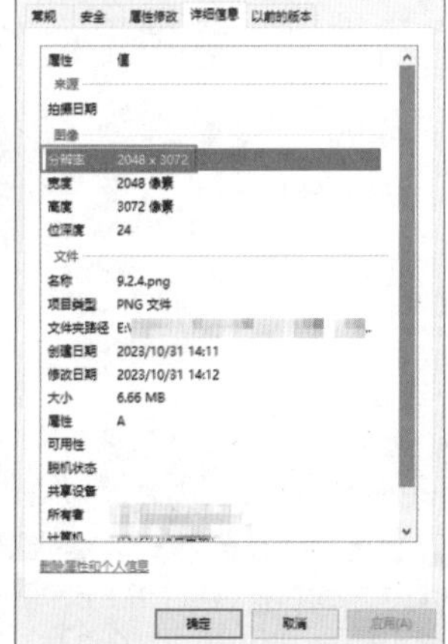

图 9-17 生成分辨率为 2048×3072 的图像效果

第 10 章 电商模特制作案例实战

传统的模特拍摄往往需要高昂的成本和烦琐的流程，对于许多中小型企业来说，这是一项巨大的负担。为了解决这个问题，Stable Diffusion 作为一种极具潜力的 AI 技术，可广泛应用于电商模特制作领域。本章通过一个实战案例，详细介绍如何使用 Stable Diffusion 来制作电商模特效果。

10.1　效果欣赏：时尚女装模特

在当今竞争激烈的电子商务领域中，精美的产品图片和模特形象往往是吸引消费者注意力的关键。Stable Diffusion 通过利用深度学习和图像生成技术，可以快速生成高质量的模特图片，大大降低了拍摄成本和时间。本案例的最终效果，如图 10-1 所示。

图 10-1　效果展示

10.2 时尚女装模特的制作技巧

扫码看视频

通过调整提示词和模型，Stable Diffusion 可以生成不同风格、造型和环境下的电商模特图像，满足不同产品的个性化展示需求。本节主要介绍时尚女装模特的制作技巧，并展示 Stable Diffusion 在电商模特广告制作中的具体应用及其效果。

10.2.1 使用Openpose编辑器制作骨骼姿势图

使用 Openpose 编辑器可以制作人物的骨骼姿势图，用于固定 Stable Diffusion 生成的人物姿势，使其能够更好地配合服装的展现需求，具体操作方法如下。

01 进入 Stable Diffusion 中的“扩展”页面，切换至“可下载”选项卡，单击“加载扩展列表”按钮，加载扩展列表，在搜索框中输入 Openpose，如图 10-2 所示。在搜索结果中，单击“Openpose 编辑器”插件右侧的“安装”按钮进行安装即可，安装插件后，按钮显示为“已安装”。

图 10-2 搜索并安装 Openpose 插件

专家提醒

在 AI 绘画软件 Stable Diffusion 中，控制人物姿势的方法有很多种，其中最简单的方法是在提示词中加入动作提示词，如 Sit(坐)、walk(走)和 run(跑)等。然而，如果想要更精确地控制人物的姿势，这种方式就很难达到用户的要求，因为用语言精确描述一个姿势是相当困难的，而且 Stable Diffusion 生成的图片姿势具有一定的随机性，就像抽“盲盒”，一样的描述语生成的照片可能会“千姿百态”。

OpenPose 编辑器能够很好地解决这个问题，它不仅允许用户自定义调整人物的骨骼姿势，还可以通过图片识别人物姿势，从而实现精确控制人物姿势的效果。通过 OpenPose 编辑器，用户可以更准确地调整人物的姿势、方向、动作等，使人物形象更加生动、逼真。

02 完成插件的安装后，切换至“已安装”选项卡，单击“应用更改并重启”按钮，重启 WebUI，如图 10-3 所示。

图 10-3　单击“应用更改并重启”按钮

03 重启 WebUI 后，进入“Openpose 编辑器”页面，单击“添加”按钮，添加一个骨骼姿势，如图 10-4 所示。

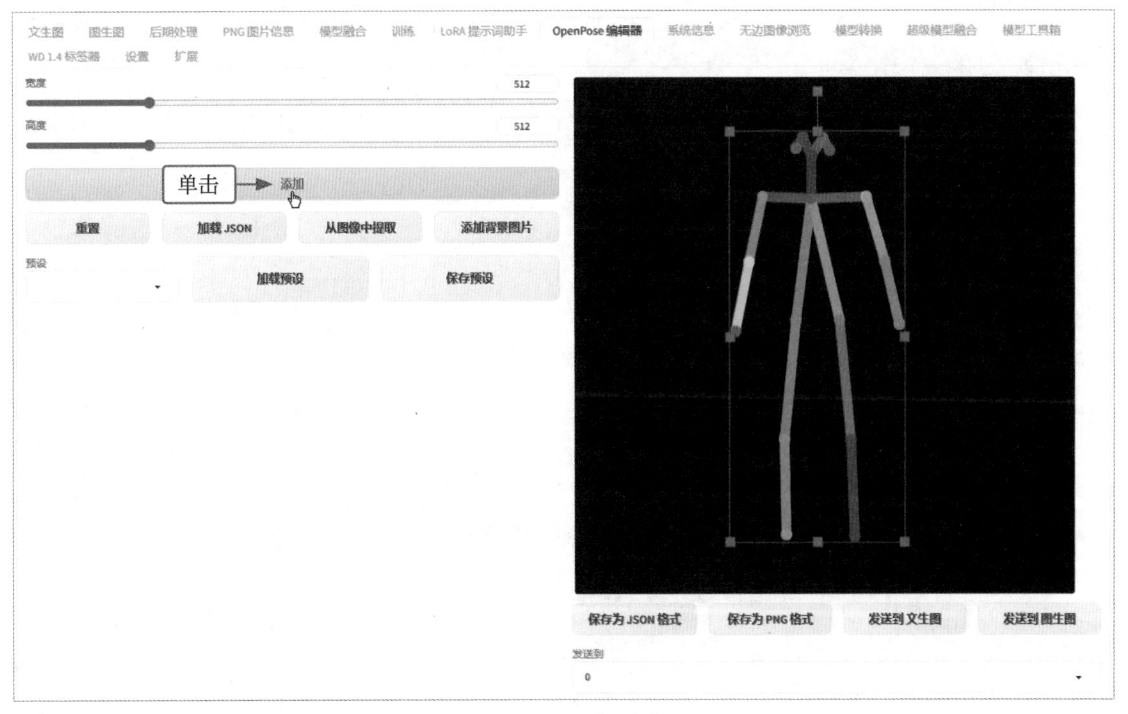

图 10-4　添加骨骼姿势

04 单击“添加背景图片”按钮，添加一张人物姿势的参考图，根据参考图调整骨骼姿势的大小、位置和形态，单击“保存为 PNG 格式”按钮，保存制作好的骨骼姿势图，如图 10-5 所示。

图 10-5 保存骨骼姿势图

10.2.2 选择大模型并输入提示词

接下来使用一个写实类的大模型，并配合生成服装模特专用的 Lora 模型，同时添加需要生成的画面提示词，具体操作方法如下。

01 进入“图生图”页面，选择一个写实类的大模型，如“墨幽人造人 _v1040”，如图 10-6 所示。这个大模型生成的图像具有较强的真实感。

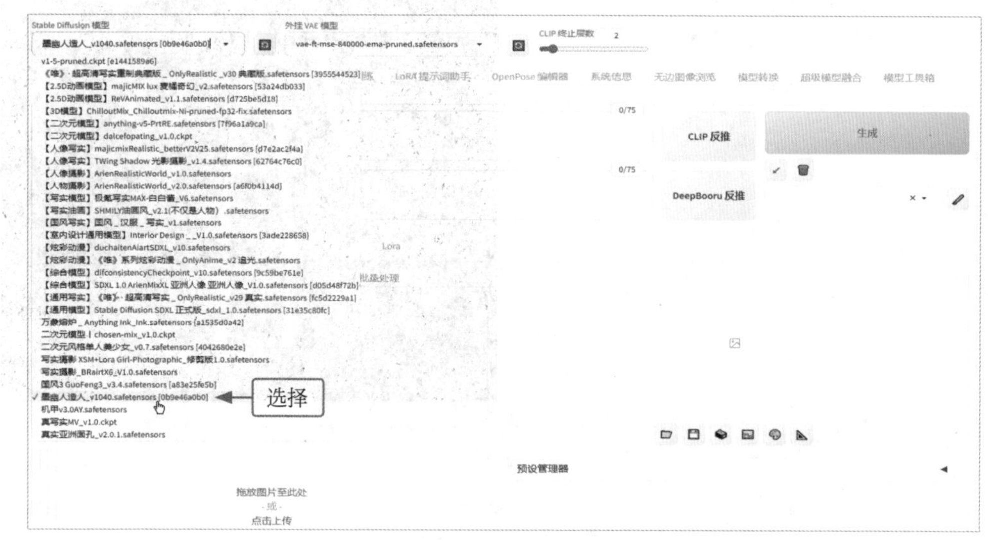

图 10-6 选择写实类的大模型

02　分别输入正向提示词和反向提示词，如图 10-7 所示。注意，正向提示词只需描述需要绘制的图像部分即可，无须描述服装。

图 10-7　输入正向提示词和反向提示词

03　切换至 Lora 选项卡，选择"简约时尚风格 lora_v1.0"Lora 模型，如图 10-8 所示。该 Lora 模型结合了现代时尚元素和简约设计的特点，能够使生成的图像具有时尚、前卫的画面感。

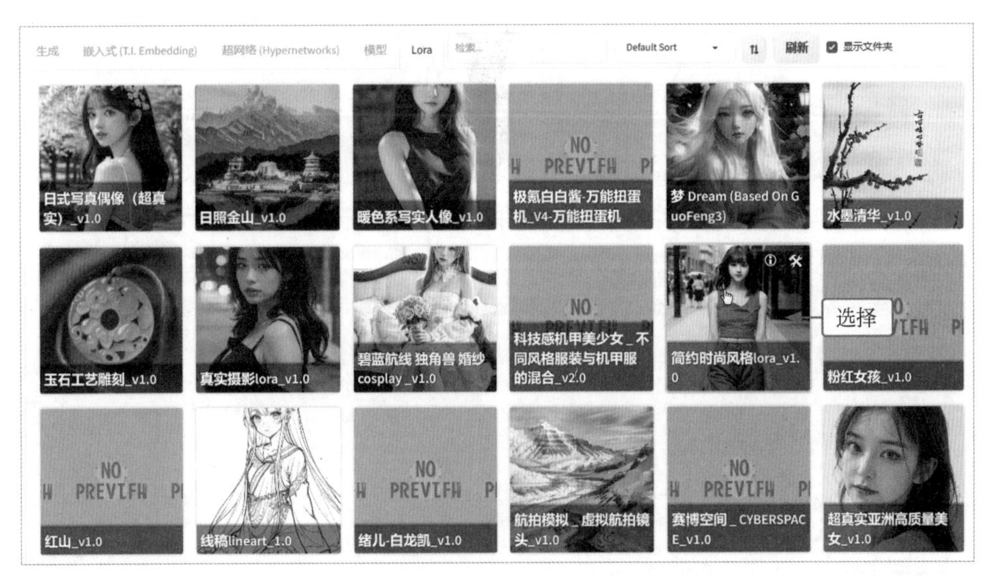

图 10-8　选择"简约时尚风格 lora_v1.0"Lora 模型

04　执行操作后，即可将该 Lora 模型添加到提示词输入框中，并将其权重值设置为 0.6，适当降低 Lora 模型对 AI 图片的影响，如图 10-9 所示。

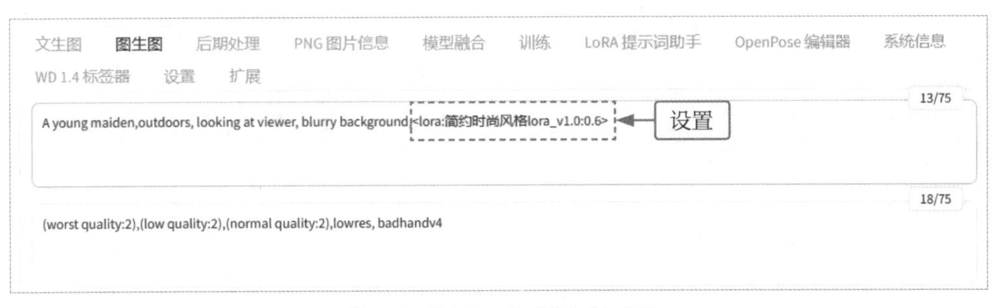

图 10-9　添加 Lora 模型并设置权重值

10.2.3 设置上传重绘蒙版的生成参数

通过上传重绘蒙版功能添加服装原图和蒙版，确定要重绘的蒙版内容，并设置相应的生成参数，具体操作方法如下。

01 在“图生图”页面中，切换至“上传重绘蒙版”选项卡，分别上传服装原图和蒙版，如图 10-10 所示。

图 10-10 上传服装原图和蒙版

02 在页面下方，设置“蒙版模式”为“重绘蒙版内容”、“迭代步数”为 25、“采样方法”为 DPM++ 3M SDE Karras、“重绘幅度”为 0.95，让图片产生更大的变化，同时将重绘尺寸设置为与原图一致，如图 10-11 所示。

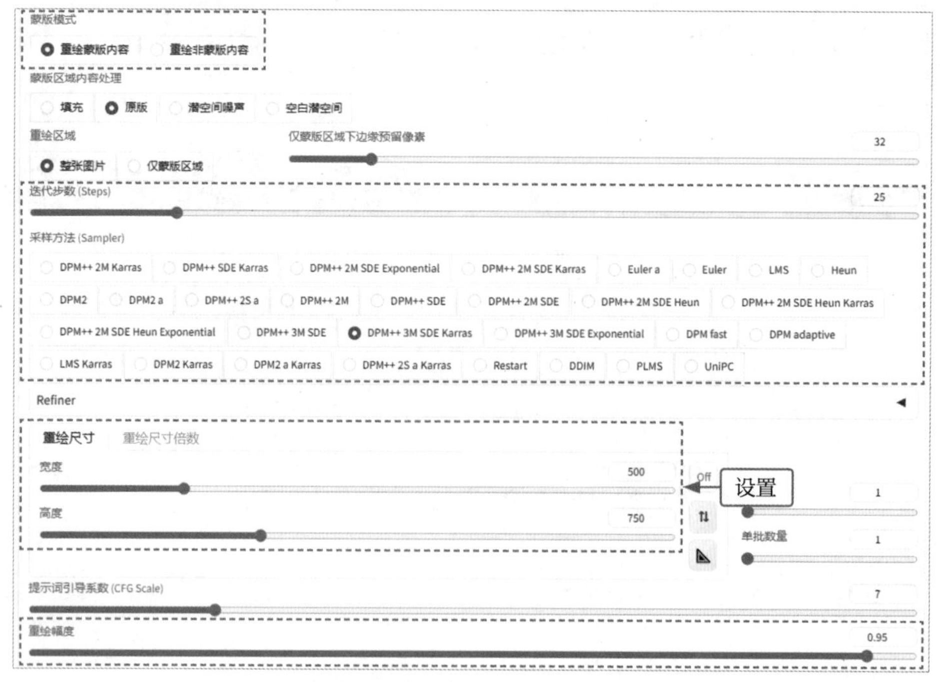

图 10-11 设置参数

10.2.4　使用ControlNet进行控图

使用 ControlNet 固定服装的样式并控制人物姿势，具体操作方法如下。

01　展开 ControlNet 选项区，上传一张原图，分别选中“启用”复选框、“完美像素模式”复选框、“允许预览”复选框，如图 10-12 所示。

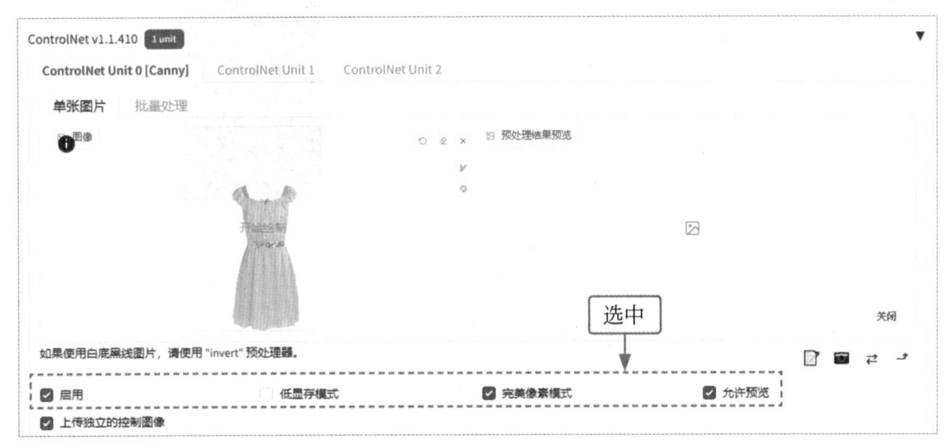

图 10-12　分别选中相应的复选框

专家提醒

需要注意的是，在“图生图”页面中使用 ControlNet 时，需要先选中“上传独立的控制图像”复选框，才能上传原图，否则看不到图像的上传入口。

02　在 ControlNet 选项区下方，选中“Canny(硬边缘)”单选按钮，并分别选择 canny 预处理器和相应的模型，用于检测图像中的硬边缘，如图 10-13 所示。

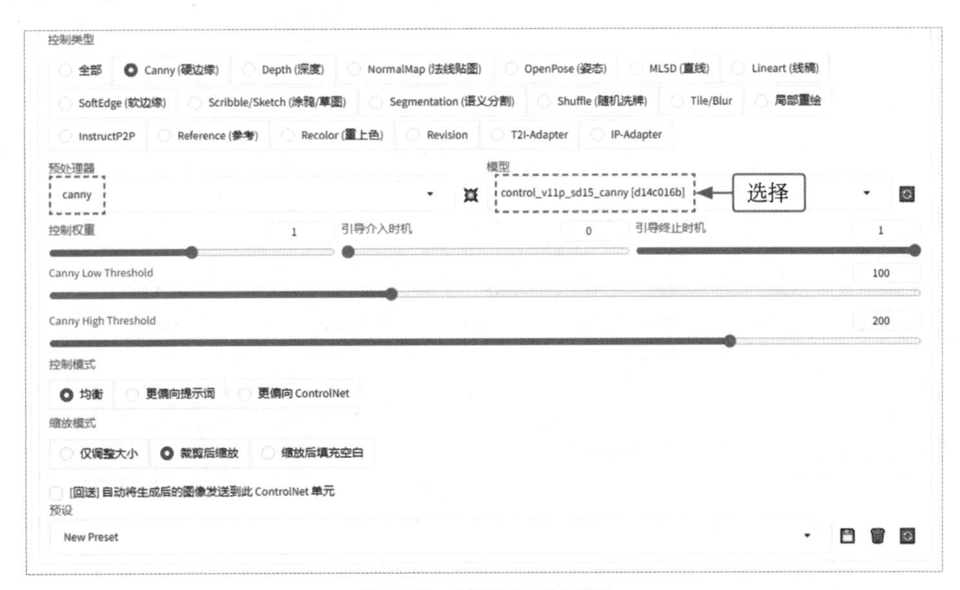

图 10-13　选择预处理器和模型

03 单击 Run preprocessor 按钮 💥，即可提取出服装图像中的线条，生成相应的线稿图，用于固定服装的样式，如图 10-14 所示。

图 10-14　生成线稿图

04 切换至 ControlNet Unit 1 选项卡，上传人物的骨骼姿势图，选中“启用”和“完美像素模式”复选框，如图 10-15 所示。

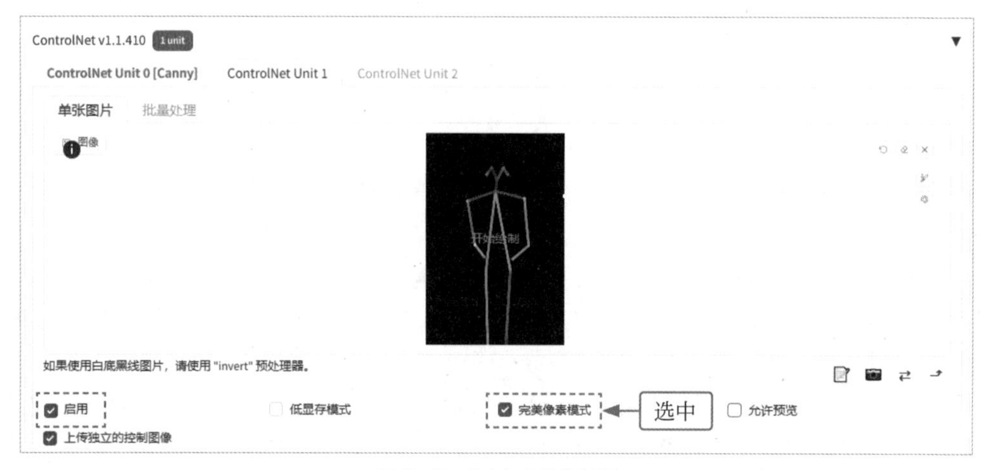

图 10-15　选中相应的复选框

05 在 ControlNet Unit 1 选项卡下方，设置“模型”为 control_openpose-fp16 [9ca67cc5]，用于固定人物的动作和姿势，如图 10-16 所示。

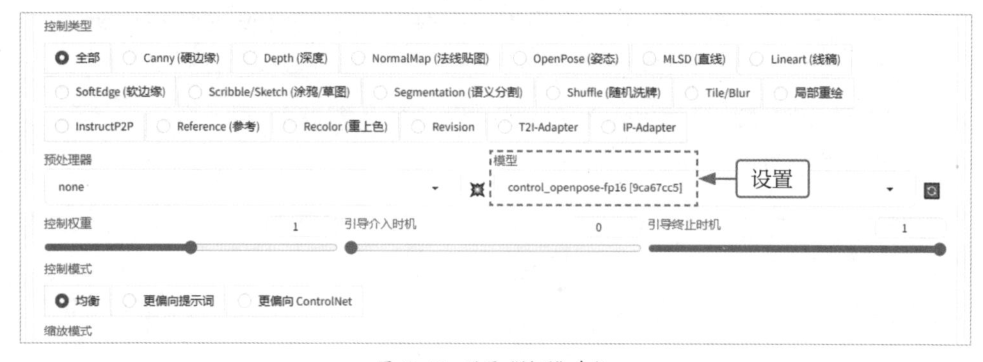

图 10-16　设置“模型”参数

10.2.5　对模特的人脸进行修复

使用 ADetailer 对人脸进行修复，避免人脸出现变形，具体操作方法如下。

01　展开 ADetailer 选项区，选中“启用 After Detailer”复选框，启用该插件，设置“After Detailer 模型”为 mediapipe_face_full，该模型可用于修复真实人脸，如图 10-17 所示。

图 10-17　设置“After Detailer 模型”参数

02　设置“总批次数”为 2，单击“生成”按钮，即可生成两张模特图片，效果如图 10-18 所示。图中的服装基本是没有被 AI 修改过的，贴近产品本身，如果用户对于效果比较满意，可将其直接作为产品图片来使用。

图 10-18　生成两张模特图片效果

10.2.6 使用图生图融合图像效果

如果用户对图片的光影不够满意，或者觉得服装和环境的融合不够完美，还可以将做好的效果图上传到图生图中，使用 Depth 来辅助控图，提升服装与环境的融合效果，具体操作方法如下。

01 生成满意的效果图后，在图像下方单击 按钮，如图 10-19 所示。

图 10-19 编辑效果图

02 执行操作后，即可将图像发送到“图生图”选项卡中，如图 10-20 所示。

图 10-20 将图像发送到“图生图”选项卡中

03 与此同时，生成该图像的参数也会自动发送过来，设置“重绘幅度”为 0.35，让新图效果尽量与原图保持一致，其他参数保持不变，如图 10-21 所示。

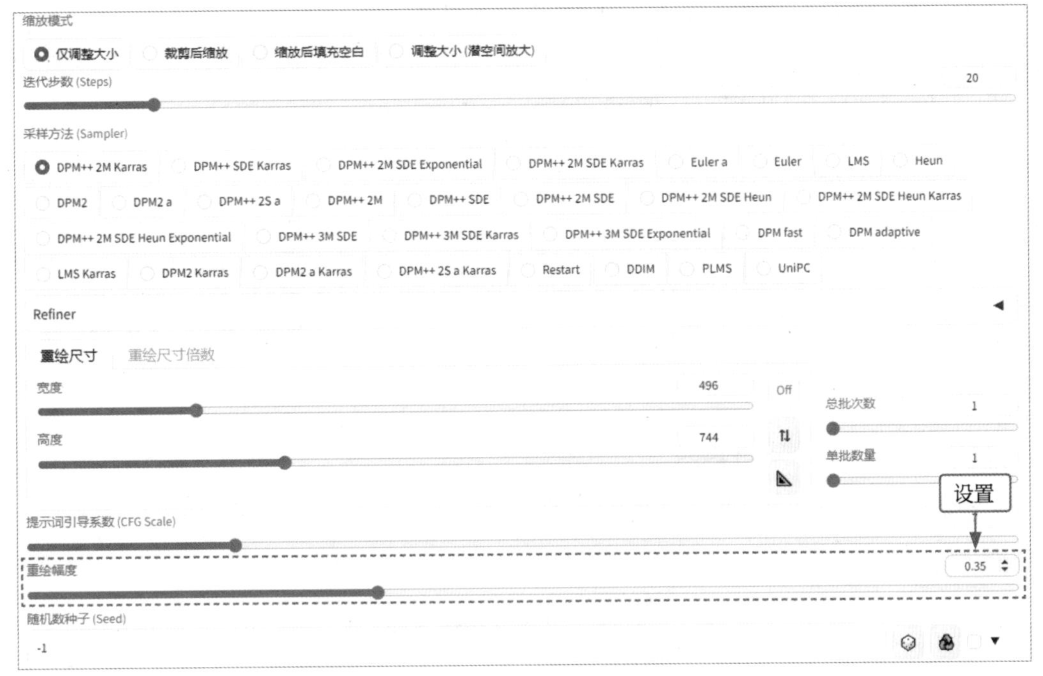

图 10-21 设置“重绘幅度”参数

04 展开 ControlNet 选项区，再次上传前面生成的效果图，分别选中“启用”复选框、“完美像素模式”复选框、“允许预览”复选框，如图 10-22 所示。

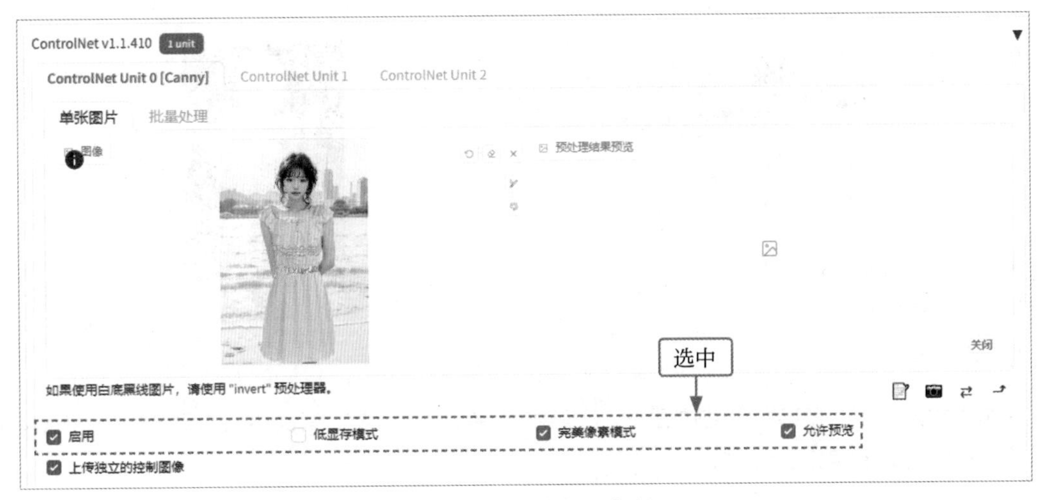

图 10-22 分别选中相应的复选框

专家提醒

注意，在将图像发送到“图生图”选项卡时，用户在“上传重绘蒙版”选项卡中所做的所有设置都会同步发送过来，其中也包括 ControlNet 的设置。因此，用户需要先关闭 ControlNet 插件，再重新进行设置。

05 在 ControlNet 选项区下方，选中 “Depth(深度)” 单选按钮，并分别选择 depth_midas(MiDas 深度图估算) 预处理器和相应的模型，如图 10-23 所示。该模型能够通过控制空间距离，来更好地表达较大纵深图像的景深关系，适用于有大量近景内容的画面，有助于突出近景的细节。

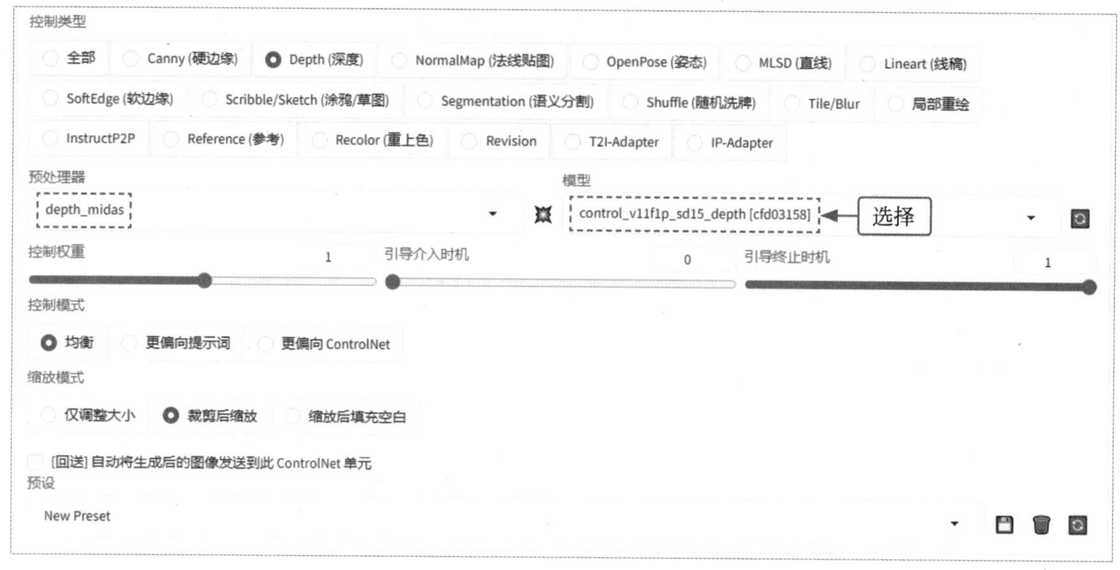

图 10-23 选择预处理器和模型

06 单击 Run preprocessor 按钮 ，即可生成深度图，比较完美地还原场景中的景深关系，如图 10-24 所示。

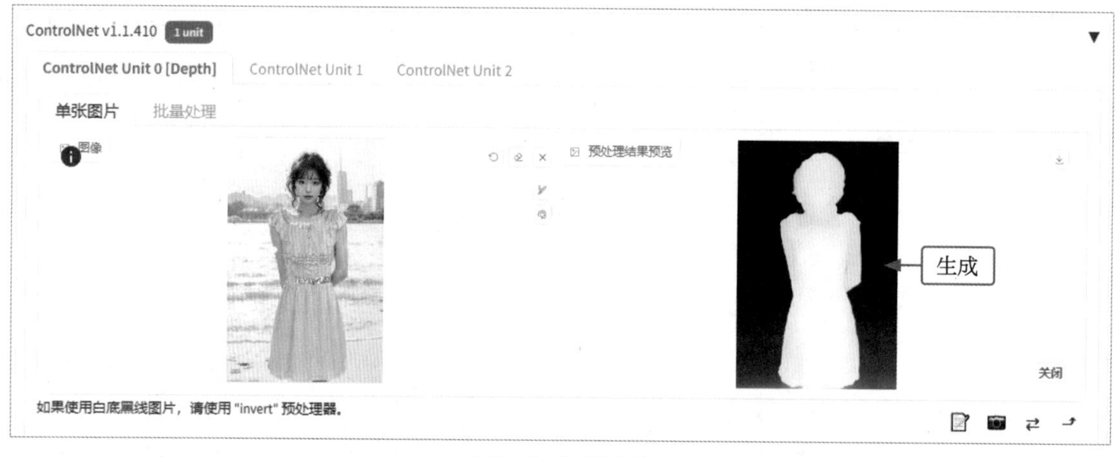

图 10-24 生成深度图

07 单击“生成”按钮，即可生成相应的图像，画面中的服装、环境和人物等元素会变得更加融合，但服装样式会有轻微变化，效果见图 10-1。

第 11 章 产品包装设计案例实战

在当今竞争激烈的市场环境中，独特而引人注目的产品包装设计，对于提高产品的吸引力和竞争力至关重要。Stable Diffusion 作为一种先进的 AI 技术，为产品包装设计提供了无限的可能性，可以帮助设计师在短时间内创作出独具特色的产品包装效果。

11.1 效果欣赏：化妆品包装

通过 Stable Diffusion 这种神奇的 AI 绘画技术，化妆品包装设计不再局限于传统的设计方式，而是可以突破限制，勇敢尝试全新的设计元素，通过对颜色、质感的设计，令人仿佛能够触摸到商品。本案例的最终效果，如图 11-1 所示。

图 11-1 效果展示

11.2 化妆品包装效果的制作技巧

本节深入探讨如何运用 Stable Diffusion 制作令人印象深刻的化妆品包装图片，以实现更具吸引力的品牌宣传效果，同时为产品注入更多生命力。

扫码看视频

11.2.1 输入提示词并选择大模型

制作化妆品包装图片，需输入提示词，并通过综合类的大模型来查看提示词的生成效果，具体操作方法如下。

01 进入“文生图”页面，选择一个综合类的大模型，输入提示词，指定生成图像的画面内容，如图 11-2 所示。

图 11-2　输入提示词

02 设置“采样方法”为 DPM++ SDE Karras，其他参数保持默认设置即可，单击“生成”按钮，生成相应的图像效果，如图 11-3 所示。画面只是简单还原了提示词的内容，如蓝色背景和一些化妆品元素。

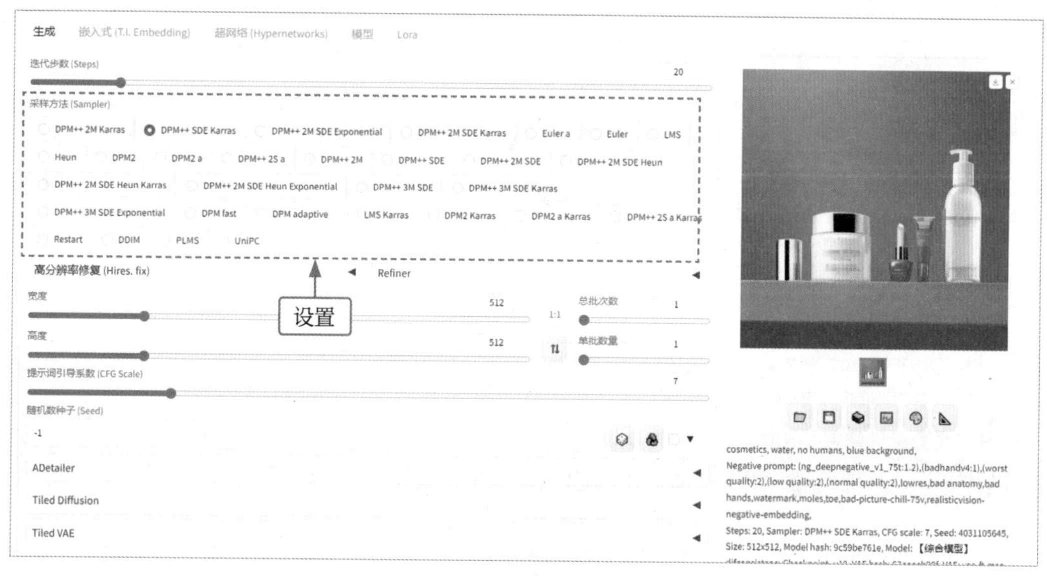

图 11-3　生成图像效果

专家提醒

DPM++ SDE karras 采样器对步数的要求相对较低，且在提示词引导系数值过低的情况下，画面变化会较小。

11.2.2　添加化妆品包装的Lora模型

在提示词中添加一个化妆品专用的 Lora 模型，主要用于增强化妆品的包装效果，具体操作方法如下。

01 切换至 Lora 选项卡，选择“化妆品 _v3.0”Lora 模型，如图 11-4 所示。该 Lora 模型专用于化妆品的产品包装设计。

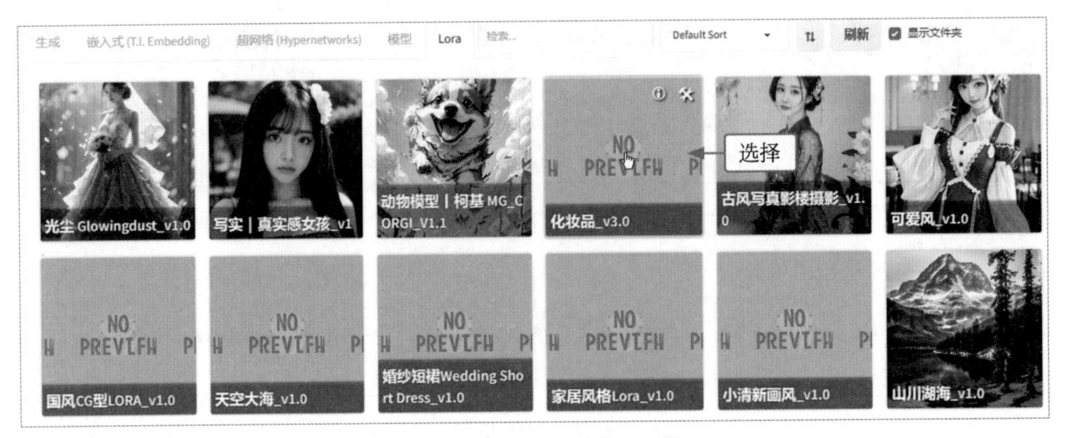

图 11-4 选择"化妆品 _v3.0" Lora 模型

02 执行操作后，将 Lora 模型添加到提示词输入框中，设置其权重值为 0.6，适当降低 Lora 模型对 AI 图片的影响，如图 11-5 所示。

图 11-5 添加 Lora 模型并设置权重值

03 展开"高分辨率修复"选项区，保持默认设置，单击"生成"按钮，生成相应的图像效果，可以将图像放大两倍输出，此时画面中的主体会更加突出，效果如图 11-6 所示。

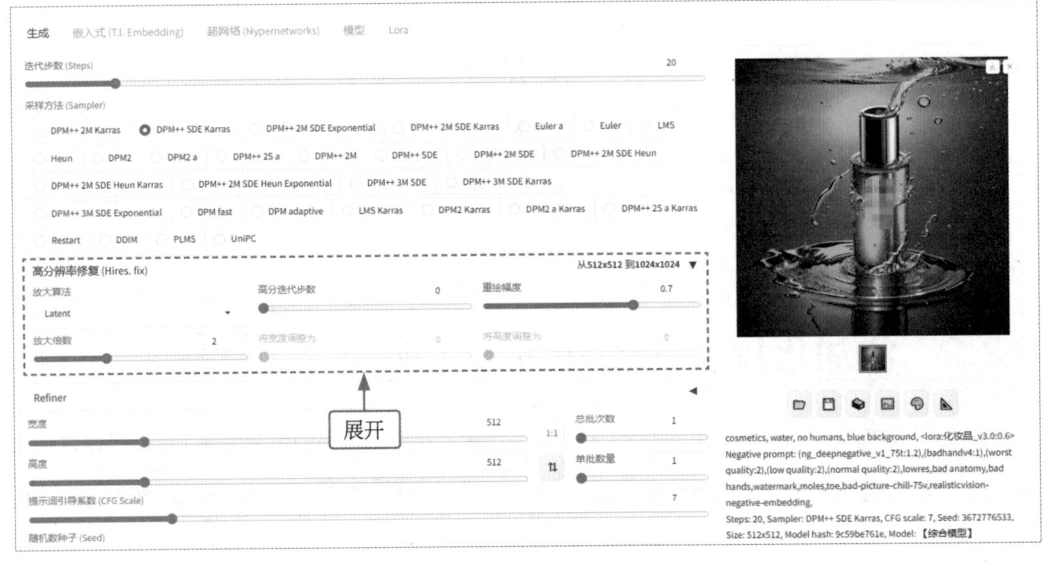

图 11-6 生成图像效果

11.2.3　使用Depth控制画面的光影

使用 ControlNet 插件中的 Depth 控制类型，可有效控制画面的光影，进而提升图像的视觉效果，具体操作方法如下。

01　展开 ControlNet 选项区，上传一张原图，分别选中“启用”复选框、“完美像素模式”复选框、“允许预览”复选框，如图 11-7 所示。

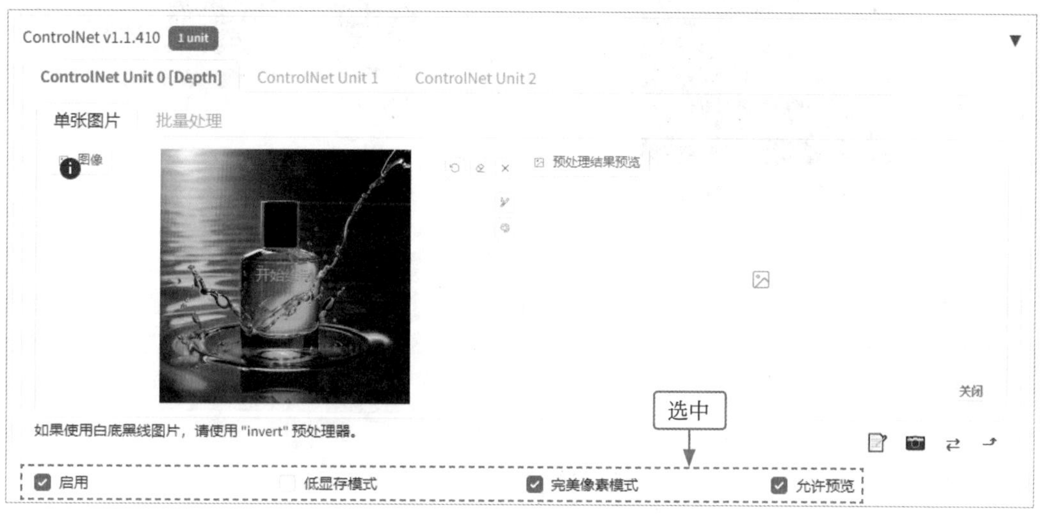

图 11-7　分别选中相应的复选框

02　在 ControlNet 选项区下方，选中“Depth(深度)”单选按钮，并分别选择 depth_zoe(ZoE 深度图估算) 预处理器和相应的模型，如图 11-8 所示。

控制类型
全部　Canny (硬边缘)　Depth (深度)　NormalMap (法线贴图)　OpenPose (姿态)　MLSD (直线)
Lineart (线稿)　SoftEdge (软边缘)　Scribble/Sketch (涂鸦/草图)　Segmentation (语义分割)　Shuffle (随机洗牌)
Tile/Blur　局部重绘　InstructP2P　Reference (参考)　Recolor (重上色)　Revision　T2I-Adapter
IP-Adapter
预处理器　depth_zoe
模型　control_v11f1p_sd15_depth [cfd03158]　选择
控制权重　1　引导介入时机　0　引导终止时机　1
控制模式
均衡　更偏向提示词　更偏向 ControlNet

图 11-8　选择预处理器和模型

专家提醒

ZoE 是一种独特的深度信息计算方法，它通过将度量深度估计和相对深度估计相结合，以精确估算图像中每个像素的深度信息。此技术具有出色的深度信息计算能力，可以将已有的深度信息数据集有效地应用于新的目标数据集上，从而实现零样本 (Zero-shot) 深度估计。

03 单击 Run preprocessor 按钮 💥，即可生成深度图，比较完美地还原场景中的景深关系，如图 11-9 所示。

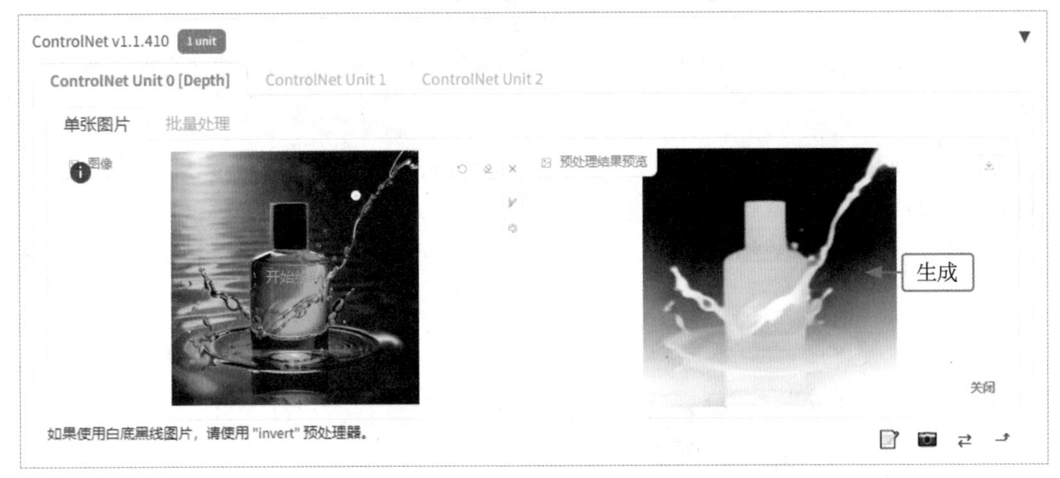

图 11-9 生成深度图

04 单击“生成”按钮，即可生成相应的图像，通过 Depth 实现了控制画面中物体投射阴影的方式、光的方向，以及景深关系的控制，效果见图 11-1。

11.3 同类化妆品效果图欣赏

用户也可以更换提示词，轻松画出更多化妆品包装效果，还可以添加一些鲜花作为背景装饰元素，提高图像的质量和逼真度，效果如图 11-10 所示。

图 11-10 同类化妆品效果图欣赏

第 12 章 电影角色制作案例实战

随着虚拟数字人技术的不断成熟，数字人在影视中的应用越来越普遍，尤其是在科幻电影中最为常见。本章通过一个实操案例，介绍如何运用 Stable Diffusion 创造出逼真的科幻电影角色，揭示这一强大的 AI 技术如何为电影制作带来更大的创作自由度和视觉冲击力。

12.1 效果欣赏：科幻电影角色

科幻电影一直以来都深受观众的喜爱，它能够带领观众探索未知的世界。而在科幻电影中，角色形象的设计尤为重要，因为他们是故事的灵魂，承载着情感、愿望和冲突。本案例的最终效果，如图 12-1 所示。

图 12-1 效果展示

12.2　科幻电影角色的制作技巧

本节将详细介绍如何使用 Stable　Diffusion 制作科幻电影角色，帮助大家快速创作出独具特色的角色形象。

扫码看视频

12.2.1　输入提示词并选择大模型

制作科幻电影角色需输入提示词，并通过写实类的大模型查看提示词的生成效果，具体操作方法如下。

01　进入“文生图”页面，选择一个写实类的大模型，输入提示词，指定生成图像的画面内容，如图 12-2 所示。

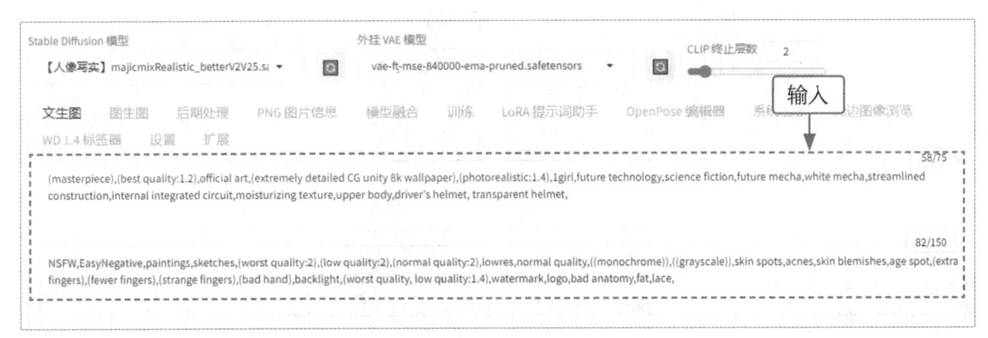

图 12-2　输入提示词

02　设置“采样方法”为 DPM++ 2S a Karras、“宽度”为 512、“高度”为 878，提升画面的生成质量，并指定画面尺寸，单击“生成”按钮，生成相应的图像，画面中只是简单呈现出一个穿着机甲的人物，效果如图 12-3 所示。

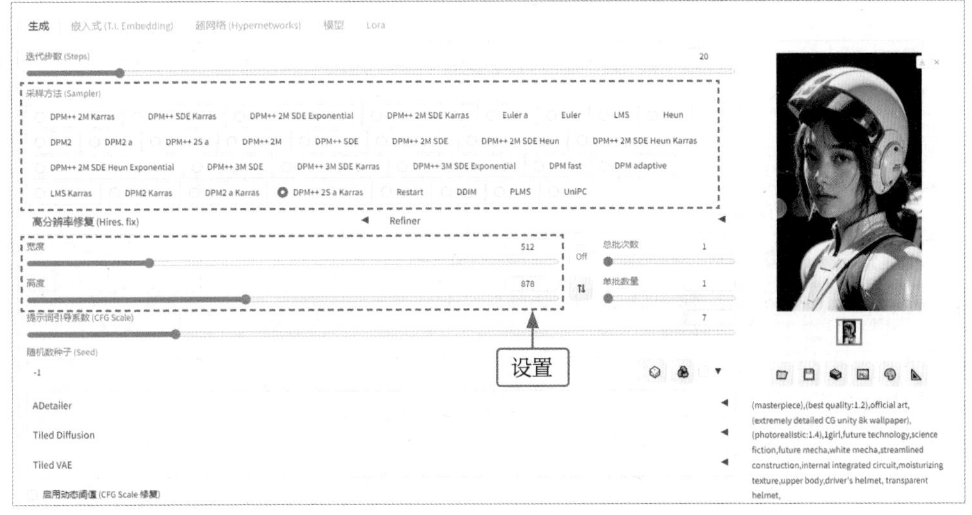

图 12-3　生成图像效果

专家提醒

DPM++ 2S a Karras 采用超快采样技术，仅需采样 5 次即可完成基本画面的生成，采样 10 次则能得到较好的表现。但需要注意的是，当采样步数大幅增加时，反而可能会导致生成的图像与提示词偏离的情况。

12.2.2 添加机甲风格的Lora模型

在提示词中添加一个机甲风格的 Lora 模型，用于增加机甲人物角色的细节和真实感，具体操作方法如下。

01 切换至 Lora 选项卡，选择“机甲 - 未来科技机甲面罩 _v1.0” Lora 模型，如图 12-4 所示。该 Lora 模型可以画出具有科技感、未来感的机甲人物效果。

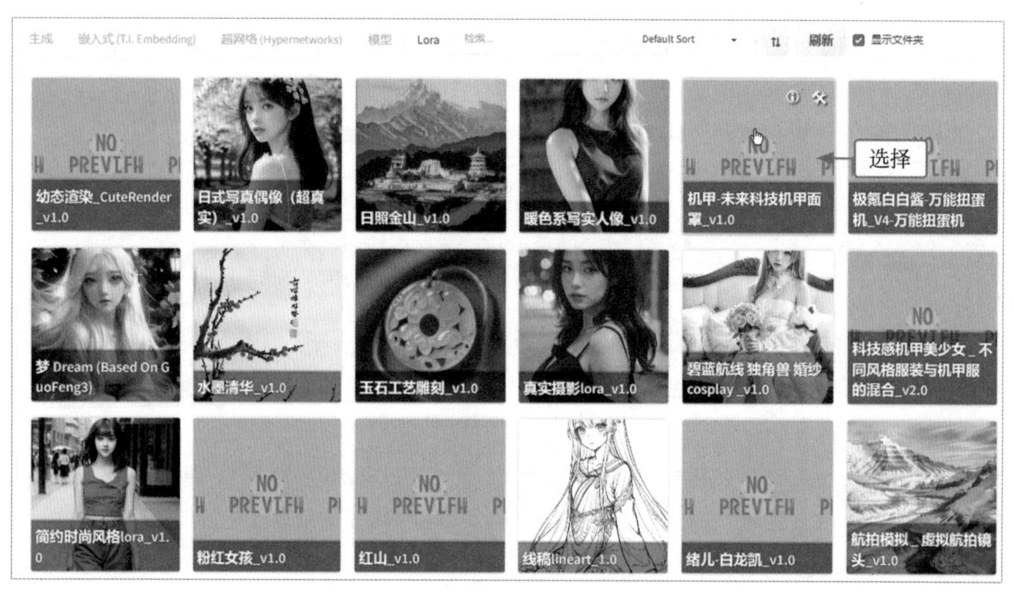

图 12-4 选择“机甲 - 未来科技机甲面罩 _v1.0” Lora 模型

02 执行操作后，将 Lora 模型添加到提示词输入框中，设置其权重值为 0.66，适当降低 Lora 模型对 AI 图片的影响，如图 12-5 所示。

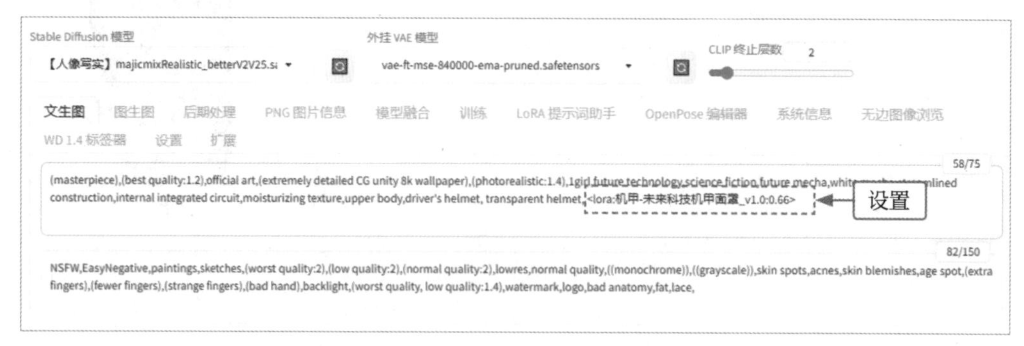

图 12-5 添加 Lora 模型并设置权重值

专家提醒

Lora 模型可以看成是一种小型化的 Stable Diffusion 模型，通过对 Checkpoint 模型的交叉注意力层进行细微的调整，使其体积大大缩小，仅为 Checkpoint 模型的 1/100 ～ 1/10。同时，由于 Lora 模型的文件大小一般在 2MB ～ 500MB，使得它在实际应用中具有更高的便携性和灵活性。

03 设置“总批次数”为 2，单击“生成”按钮，即可生成两张图片，画面中的机甲元素会更加丰富，效果如图 12-6 所示。

图 12-6　生成两张图片效果

12.2.3　使用SoftEdge检测边缘轮廓

使用 SoftEdge（软边缘）检测图像的边缘轮廓，提取出原图中的重要信息，如形状和结构，帮助 AI 更好地处理图像中的边缘信息，具体操作方法如下。

01 展开 ControlNet 选项区，上传一张原图，分别选中“启用”复选框、“完美像素模式”复选框、“允许预览”复选框，如图 12-7 所示。

02 在 ControlNet 选项区下方，选中“SoftEdge（软边缘）”单选按钮，并分别选择 softedge_pidinet（软边缘检测 -PiDiNet 算法）预处理器和相应的模型，如图 12-8 所示。该模型可提高边缘轮廓检测的精度和稳定性。

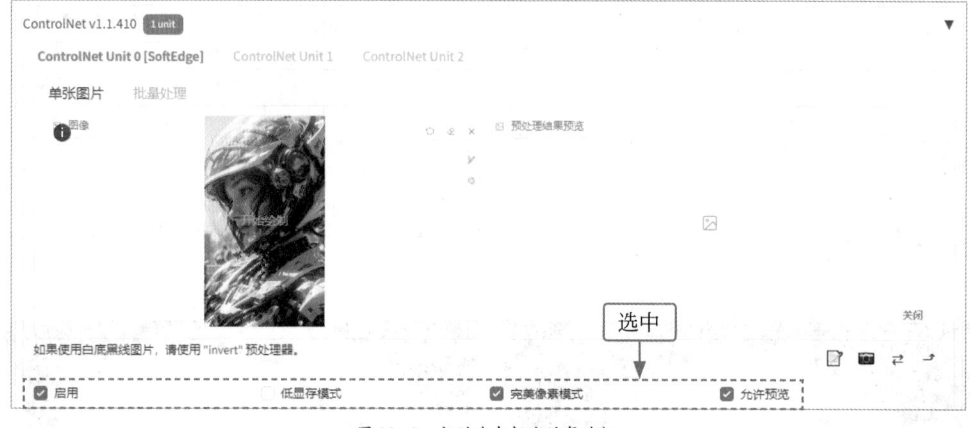

图 12-7　分别选中相应的复选框

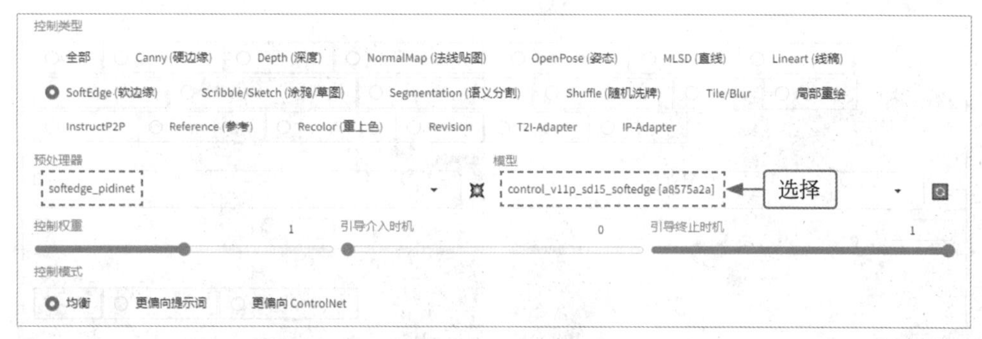

图 12-8　选择预处理器和模型

03　单击 Run preprocessor 按钮 ，即可生成边缘线稿图，其中包含更加模糊、柔性的边缘信息，如图 12-9 所示。

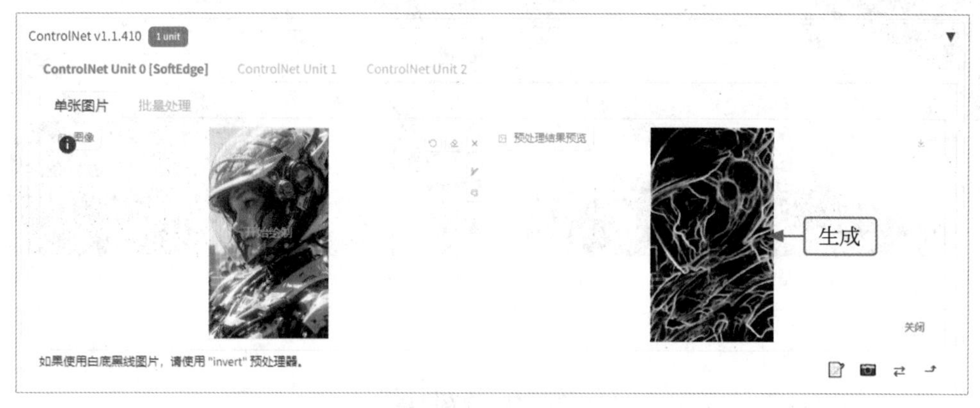

图 12-9　生成边缘线稿图

12.2.4　对人物脸部进行修复

使用 ADetailer 对人物脸部进行修复，避免人脸出现变形，具体操作方法如下。

01　展开 ADetailer 选项区，选中“启用 After Detailer”复选框，启用该插件，设置“After Detailer 模型”为 face_yolov8n.pt，该模型比较适合修复人物脸部，如图 12-10 所示。

图 12-10　设置“After Detailer 模型”参数

02 设置“总批次数”为 2，单击“生成”按钮，即可生成两张机甲人物图片，效果如图 12-11 所示。图中的机甲元素变得更加丰富，视觉冲击力更强。

图 12-11　生成两张机甲人物图片效果

12.2.5 为图中机甲局部上色

选择一张比较满意的图片，将其发送到图生图中，通过涂鸦重绘功能为图中的机甲局部上色，具体操作方法如下。

01 生成满意的效果图后，在图像下方单击 按钮，进入“图生图”页面，切换至“涂鸦重绘”选项卡，上传一张原图，如图 12-12 所示。

02 将笔刷颜色设置为红色 (RGB 参数值分别为 255、0、0)，对图中要上色的位置进行涂抹，创建红色蒙版，如图 12-13 所示。

图 12-12　上传一张原图

图 12-13　创建红色蒙版

03 在页面下方，设置“重绘幅度”为 0.5，让图像产生较小的细节变化，如图 12-14 所示。

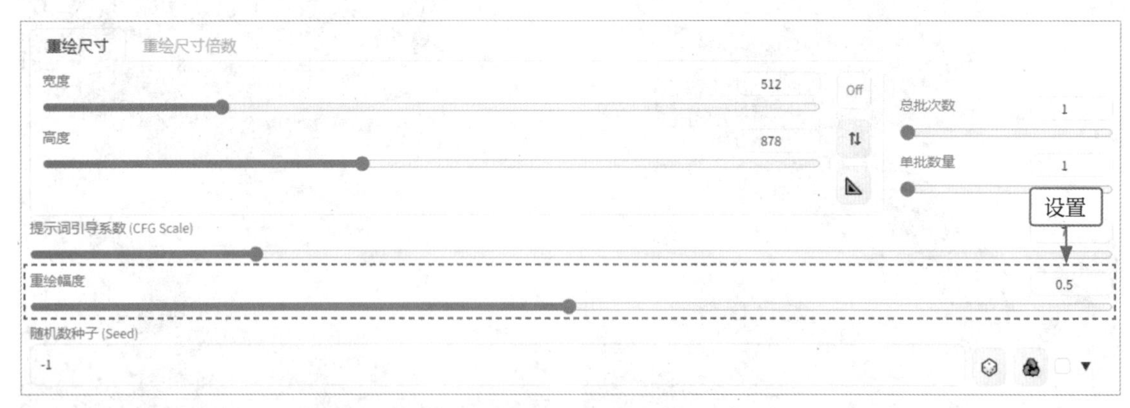

图 12-14　设置“重绘幅度”参数

04 单击“生成”按钮，即可生成相应的新图，同时能够为机甲局部添加一些颜色，增强图像的视觉层次感和吸引力，效果见图 12-1。